新农村农家书系

常用新农药手册

云南省农家书屋建设工程领导小组　编

云南出版集团公司
云南科技出版社
·昆　明·

图书在版编目（CIP）数据

常用新农药手册 / 王家银，林郁主编．—昆明：云南科技出版社，2009.4（2014.11 重印）

（新农村农家书系）

ISBN 978-7-5416-2874-0

Ⅰ．常… Ⅱ．①王…②林… Ⅲ．农药施用－手册 Ⅳ．S48-62

中国版本图书馆 CIP 数据核字（2009）第 046391 号

云南出版集团公司

云南科技出版社出版发行

（昆明市环城西路 609 号云南新闻出版大楼，邮编：650034）

昆明市五华区教育委员会印刷厂印制　全国新华书店经销

开本：850mm×1168mm　1/32　印张：5　字数：114 千字

2009 年 4 月第 1 版　2014 年 11 月第 5 次印刷

定价：9.80 元

《新农村农家书系》编委会

《常用新农药手册》编委会

主　　编　王家银　林　郁

副 主 编　王家金　江　涌　邹炳礼

编　　委　李茂萱　孙　玲　李　斌

李　露　肖植文　周昆华

段玉云　谢晓慧

序言

推进社会主义新农村建设，是符合国情、顺应潮流、深得民心的历史选择，是统筹城乡发展、构建和谐社会的重要部署，是加强农业、繁荣农村、富裕农民的重大举措。党的十六届五中全会通过的《中共中央关于制定国民经济和社会发展的第十一个五年规划的建议》，指出了建设社会主义新农村的重大历史任务，为做好当前和今后一个时期的“三农”工作指明了方向。党的十七大报告中指出：解决好农业、农村、农民的问题，事关全面建设小康社会大局，必须始终作为全党工作的重中之重。要加强农业基础地位，走中国特色农业现代化道路，建立以工促农、以城带乡的长效机制，形成城乡经济社会发展一体化新格局。中共云南省委、云南省人民政府《关于贯彻〈中共中央国务院关于推进社会主义新农村建设的若干意见〉的实施意见》是对我省新农村建设的具体指导。

新闻出版业“十一五”发展规划指出，要积极组织实施“农家书屋”工程，充分发挥政府、社会等各方面的力量。目前，“农家书屋”工程作为新闻出版总署的头号工程正紧锣密鼓地展开，受到广大农民群众的热烈欢迎，已成为新闻出版服务农村工作的一大亮点。为配合这项工程，云南省新闻出版局等部门按照省委、省政府关于建设社会主义新农村的部署和要求，紧密结合我省农业发展实际，适应农民群众接受能力和水平，组织编写并由云南科技出版社出版《新农村农家书系》，这是重视农业、支持农村、服务农民，助力我省新农村建设的实际行动，是推进新农村建设的具体举措。目的是在新形势下让广大农民朋友成为有文化、懂技术、会经营、遵纪守法的新一代农民。

《新农村农家书系》是云南科技出版社继《云岭新农民素质丛书》之后又一套服务于“三农”的农村图书。该书系第一辑由84种图书组成。而这84种图书，又由以下几个部分构成：劳动力转移技能篇、卫生防疫医疗篇、实用技术养殖篇、实用技术种植篇、农作物病虫害防治篇、新型农民素养篇。

本书系从云南实施“农家书屋”的实际出发，以贴近农村、贴近农民而精心设计。充分发挥新闻出版行业优势，制定切实可行的农民读书方案。注重持续发展，使“农家书屋”的图书让农民看得懂、用得上、留得住；每年都有新品种持续出版。技术内容突出农业结构调整与产业发展的要求，图书在内容上本土化、原创化。

农业丰则基础强，农民富则国家盛，农村稳则社会稳。希望社会各方面进一步关心、支持、参与新农村文化建设，推进“农家书屋”工程建设步伐，使“农家书屋”工程成为惠及广大农民群众的民心工程，推动我省农村走生产发展、生态良好、生活富裕的文明发展道路。

前　言

《常用新农药手册》从众多的农药品种中选编了301种。其中有杀虫剂152种，含杀螨剂11种，杀鼠剂9种，杀螺剂3种。杀菌剂83种，含杀线虫剂4种。除草剂63种。植物生长调节剂3种。该书编写力求突出实用性、简洁明了、信息集中、查阅方便。书中所列厂家，指在农业部农药检定所登记该药的厂家，有的一种药，有几个厂家登记，由于篇幅的关系，只列了一个厂家。现在有一种现象，一种农药，有效成分一样，但很多农药厂家在生产、销售时，取的商品名不一样，给使用农药的生产者带来了一定的困难，容易出错。针对此情况，书后附实用农药中英文通用名对照表等几个表，方便读者查对，使用剂量按应用习惯还是以亩为单位表示。由于中国幅员辽阔，各地气候及栽培方式很不一致，在使用某种农药时，各地应根据当地的具体情况，在小范围试验示范的基础上，再进行大面积施用。该书可供广大基层种植人员、农业大中专院校师生、基层科技人员、基层管理人员、农资人员、庄稼医院医生和广大农民等查阅使用。

由于编者水平有限，不足之处恳请批评指教。

编著者

目 录

杀虫剂

1. 80%敌百虫可溶性粉剂

〔厂家〕国产。

〔毒性〕低毒。

〔作用方式〕胃毒作用为主。

〔适用范围〕粮、果树、蔬菜、烟草等。

〔防治对象〕黄守瓜、梨星毛虫、茶毛虫、黏虫、蚜虫、螟虫等。

〔使用剂量〕94～156克/亩。

〔施药方式〕每亩对水50～75千克喷雾。

〔用药次数〕1～2次。

〔注意事项〕不能与碱性农药混用。

2. 80%敌敌畏乳油

〔厂家〕国产。

〔毒性〕高毒。

〔作用方式〕触杀、熏蒸、胃毒作用。

〔适用范围〕蔬菜、桑、茶、粮、烟草等。

〔防治对象〕黄条跳甲、菜青虫、叶蝉、飞虱、桃小食心虫等。

〔使用剂量〕100～150毫升/亩。

〔施药方式〕每亩对水60～75千克喷雾。

〔用药次数〕1～2次。

〔注意事项〕收获前10天停用。

3. 50%辛硫磷乳油

〔厂家〕国产。

〔毒性〕低毒。

〔作用方式〕触杀和胃毒作用。

〔适用范围〕桑、茶、果树、粮等。

〔防治对象〕棉铃虫、菜青虫、黄守瓜、地下害虫等。

〔使用剂量〕40~100毫升/亩。

〔施药方式〕每亩对水40~60千克喷雾。

〔用药次数〕1~2次。

〔注意事项〕早晚施药，药遇光易分解。

4. 25%喹硫磷乳油

〔厂家〕国产。

〔毒性〕中毒。

〔作用方式〕胃毒、触杀、熏蒸，杀卵作用强。

〔适用范围〕粮、蔬菜、果树、经济作物。

〔防治对象〕蚜虫、红蜘蛛、蓟马、飞虱、菜青虫、小菜蛾等。

〔使用剂量〕40~100毫升/亩。

〔施药方式〕每亩对水30~60千克喷雾。

〔用药次数〕1~2次。

〔注意事项〕蔬菜、果树在收获前两星期停止用药。

5. 50%甲胺磷乳油

〔厂家〕国产。

〔毒性〕高毒。

〔作用方式〕内吸作用，有一定触杀、胃毒。

〔适用范围〕水稻、棉花。

〔防治对象〕飞虱、螟虫、卷叶螟、红蜘蛛等。

〔使用剂量〕50~80毫升/亩。

〔施药方式〕每亩对水 50 ~75 千克喷雾。

〔用药次数〕1 ~2 次。

〔注意事项〕严禁在果树、蔬菜上使用。

6. 40% 乐果乳油

〔厂家〕国产。

〔毒性〕中毒。

〔作用方式〕触杀和内吸作用。

〔适用范围〕粮、蔬菜、果树、经济作物。

〔防治对象〕蚜虫、飞虱、蓟马、叶蝉、菜青虫、地下害虫等。

〔使用剂量〕100 ~150 毫升/亩。

〔施药方式〕每亩对水 50 ~75 千克喷雾。

〔用药次数〕1 ~4 次。

〔注意事项〕不能与碱性农药混用。

7. 40% 氧化乐果乳油

〔厂家〕国产。

〔毒性〕高毒。

〔作用方式〕内吸和触杀作用。

〔适用范围〕粮、蔬菜、果树、烟草等。

〔防治对象〕蚜虫、飞虱、黏虫、螟虫、菜青虫、穿心虫等。

〔使用剂量〕50 ~80 毫升/亩。

〔施药方式〕每亩对水 30 ~50 千克喷雾。

〔用药次数〕1 ~2 次。

〔注意事项〕蔬菜、果树上用要掌握收获期。

8. 50% 二嗪农乳油（又名：地亚农）

〔厂家〕日本化药株式会社。

〔毒性〕中毒。

〔作用方式〕具渗透性、胃毒、触杀、熏蒸作用。

〔适用范围〕水稻、蔬菜、玉米、小麦、大豆、棉花、果树、瓜类等。

〔防治对象〕螟虫、地下害虫、稻飞虱、椿象类害虫、菜粉蝶、食心虫等。

〔使用剂量〕100～150 毫升/亩。

〔施药方式〕每亩对水 50～75 千克喷雾，防地下害虫用种子量的0.1%～0.4%拌种。

〔用药次数〕1～2 次。

〔注意事项〕不能与碱性农药混用。解毒药为阿托品 0.5～1.0 毫克注射。

9. 35%佐罗纳乳油（又名：伏杀磷）

〔厂家〕法国罗纳普郎克公司。

〔毒性〕中毒。

〔作用方式〕触杀和胃毒作用。

〔适用范围〕蔬菜、果树、玉米、油料作物、豆类作物、棉花等。

〔防治对象〕菜青虫、小菜蛾、蚜虫、叶蝉、棉铃虫、蓟马、食心虫等。

〔使用剂量〕131～188 毫升/亩。

〔施药方式〕每亩对水 50～75 千克喷雾。

〔用药次数〕1～2 次。

〔注意事项〕一般农药操作规则，解毒药为阿托品硫酸盐。

10. 50%速灭松乳油（又名：杀螟松）

〔厂家〕日本住友化学工业株式会社。

〔毒性〕中毒。

〔作用方式〕触杀、胃毒和内吸作用。

〔适用范围〕水稻、大豆、番茄、苹果、葡萄、蔬菜、果树等。

〔防治对象〕二化螟、三化螟、叶蝉、稻飞虱、桃小食心虫、蚜虫、菜青虫、绿椿象等。

〔使用剂量〕25～50 毫升/亩。

〔施药方式〕每亩对水 50～75 千克喷雾。

〔用药次数〕1～2 次。

〔注意事项〕不可与碱性农药混用，安全间隔期一般为 21 天。

11. 40%纽瓦克水溶剂（又名：久效磷）

〔厂家〕瑞士汽巴－嘉基有限公司。

〔毒性〕中毒。

〔作用方式〕内吸和胃毒为主，兼有触杀作用。

〔适用范围〕水稻、棉花、玉米、果树、花卉、林业等。

〔防治对象〕螟虫、稻飞虱、黏虫、蓟马、叶蝉、红铃虫、金刚钻、鳞翅目幼虫等。

〔使用剂量〕50～100 毫升/亩。

〔施药方式〕每亩对水 50～75 千克喷雾。

〔用药次数〕1～2 次。

〔注意事项〕对蜜蜂高毒。

12. 50%马拉硫磷乳油

〔厂家〕国产。

〔毒性〕低毒。

〔作用方式〕触杀、胃毒和微弱的熏蒸作用。

〔适用范围〕蔬菜、水稻、玉米、大豆、果树、棉花、经济作物等。

〔防治对象〕菜青虫、小菜蛾、菜蚜、稻飞虱、螟虫、叶蝉、潜叶蝇、蚧类害虫、豆荚螟等。

〔使用剂量〕50～100 毫升/亩。

〔施药方式〕每亩对水 50 ~ 75 千克喷雾。

〔用药次数〕1 ~ 2 次。

〔注意事项〕一般农药操作规则。

13. 90% 乙酰甲胺磷可溶性粉剂

〔厂家〕国产。

〔毒性〕低毒。

〔作用方式〕内吸、胃毒和触杀作用。

〔适用范围〕水稻、蔬菜、棉花、小麦、茶、大豆、甘蔗、烟草、果树等。

〔防治对象〕稻飞虱、螟虫、菜青虫、小菜蛾、烟蚜、茶尺蠖、茶毛虫、卷叶蛾等。

〔使用剂量〕50 ~ 75 克/亩。

〔施药方式〕每亩对水 50 千克喷雾。

〔用药次数〕1 ~ 2 次。

〔注意事项〕对家蚕毒性大，一般农药操作规则。

14. 40.7% 乐斯本乳油（又名：毒死蜱）

〔厂家〕美国陶氏化学公司。

〔毒性〕中毒。

〔作用方式〕触杀和一定的胃毒作用，兼有杀卵、熏蒸作用。

〔适用范围〕粮食、蔬菜、水稻、黄瓜、番茄、果树、花卉、柑橘等。

〔防治对象〕黏虫、蚜虫、棉红铃虫、红蜘蛛、螟虫、蓟马、叶蝉、稻飞虱、稻纵卷叶螟等。

〔使用剂量〕25 ~ 70 毫升/亩。

〔施药方式〕每亩对水 50 ~ 75 千克喷雾。

〔用药次数〕1 ~ 2 次。

〔注意事项〕收获前 7 ~ 10 天停止用药。

15.　40%速扑杀乳油（又名：杀扑磷）

〔厂家　〕瑞士汽巴－嘉基有限公司。

〔毒性　〕高毒。

〔作用方式〕触杀、胃毒和渗透作用。

〔适用范围〕核果类树、棉花、茶树、柑橘、咖啡、烟草等。

〔防治对象〕食心虫、棉铃虫、红铃虫、小绿叶蝉、介壳虫、粉蚧等。

〔使用剂量〕50～150毫升/亩。

〔施药方式〕每亩对水50～75千克喷雾。

〔用药次数〕1～2次。

〔注意事项〕不能与碱性农药混用。

16.　5%大风雷颗粒剂（又名：地虫硫磷）

〔厂家　〕英国卜内门化学工业有限公司。

〔毒性　〕高毒。

〔作用方式〕触杀作用。

〔适用范围〕玉米、小麦、花生、甘蔗、烟草、果树等。

〔防治对象〕地下害虫如：蛴螬、地老虎、金针虫、蝼蛄等。

〔使用剂量〕1500～3000克/亩。

〔施药方式〕拌细砂土2～5千克撒施于播种沟、穴内。

〔用药次数〕1次。

〔注意事项〕对鱼毒性高，不能在蔬菜上使用。

17.　20%三唑磷乳油

〔厂家　〕湖北沙隆达公司。

〔毒性　〕中毒。

〔作用方式〕触杀、胃毒，渗透性强，对鳞翅目卵有杀伤作用。

〔适用范围〕水稻、蔬菜、玉米、棉花、果树等。

〔防治对象〕三化螟、菜青虫、菜蚜、玉米螟、红铃虫、食心虫等。

〔使用剂量〕100～150毫升/亩。

〔施药方式〕卵期和幼虫期每亩对水50～75千克喷雾。

〔用药次数〕1～2次。

〔注意事项〕不能与碱性农药混用。

18. 3%米乐尔颗粒剂（又名：氯唑磷）

〔厂家〕瑞士诺华公司。

〔毒性〕中毒。

〔作用方式〕触杀、胃毒，具一定的内吸作用，属有机磷类。

〔适用范围〕甘蔗、水稻、玉米、花生、蔬菜、花卉等。

〔防治对象〕蔗螟、稻飞虱、地下害虫、线虫等。

〔使用剂量〕1500～5000克/亩。

〔施药方式〕用细砂土混合，施于根附近或撒入水田中。

〔用药次数〕1次。

〔注意事项〕不能与其他农药混用，解毒药为解磷定。

19. 40%甲基辛硫磷乳油

〔厂家〕天津农药总厂。

〔毒性〕低毒。

〔作用方式〕胃毒和触杀作用，属有机磷类。

〔适用范围〕蔬菜、苹果、水稻、茶、棉花等。

〔防治对象〕菜蚜、食心虫、螟虫、茶尺蠖、地下害虫等。

〔使用剂量〕25～50毫升/亩。

〔施药方式〕害虫发生时，每亩对水50～75千克喷雾。

〔用药次数〕1～2次。

〔注意事项〕不能与碱性农药混用，易光解。

20. 2.5% **功夫乳油**

〔厂家〕英国卜内门化学工业有限公司。

〔毒性〕中毒。

〔作用方式〕以触杀为主。

〔适用范围〕蔬菜、烟草、粮食作物等。

〔防治对象〕烟青虫、棉铃虫、小菜蛾、蚜虫、菜青虫等。

〔使用剂量〕10~20 毫升/亩。

〔施药方式〕每亩对水 50~75 千克喷雾。

〔用药次数〕1~2 次。

〔注意事项〕避免长期单一使用。

21. 20% **灭扫利乳油**

〔厂家〕日本住友化学工业株式会社。

〔毒性〕低毒。

〔作用方式〕触杀为主，有一定驱避及拒食作用。

〔适用范围〕棉花、蔬菜、水稻、果树、烟草等。

〔防治对象〕蚜虫、小菜蛾、飞虱、黏虫、红蜘蛛、潜叶蛾、棉铃虫等。

〔使用剂量〕20~30 毫升/亩。

〔施药方式〕每亩对水 50~75 千克喷雾。

〔用药次数〕1~3 次。

〔注意事项〕喷药时均匀，药后洗手、洗脸等。

22. 10% **兴棉宝乳油（又名：氯氰菊酯）**

〔厂家〕英国卜内门化学工业有限公司。

〔毒性〕中毒。

〔作用方式〕触杀和胃毒作用。

〔适用范围〕棉花、蔬菜、水稻、柑橘、果树、茶等。

〔防治对象〕棉铃虫、蚜虫、小菜蛾、菜青虫、飞虱、小绿叶蝉等。

〔使用剂量〕20～40毫升/亩。

〔施药方式〕每亩对水50～75千克喷雾。

〔用药次数〕1～2次。

〔注意事项〕安全间隔期14天，对鱼、蜂有毒。

23. 5.7%百树得乳油（又名：百树菊酯）

〔厂家〕德国拜耳公司。

〔毒性〕低毒。

〔作用方式〕触杀和胃毒作用。

〔适用范围〕蔬菜、花卉、果树、粮食、茶、豆类作物、棉花、其他经济作物等。

〔防治对象〕菜青虫、小菜蛾、黏虫、稻飞虱、茶尺蠖、食心虫、红铃虫、地下害虫等。

〔使用剂量〕23～44毫升/亩。

〔施药方式〕每亩对水50～75千克喷雾。

〔用药次数〕1～3次。

〔注意事项〕作物收获前的21天停用。

24. 2.5%敌杀死乳油（又名：溴氰菊酯）

〔厂家〕法国罗素优克福公司。

〔毒性〕中毒。

〔作用方式〕触杀和胃毒作用。

〔适用范围〕粮食、蔬菜、棉花、柑橘、烟草、花卉、豆类作物、经济作物等。

〔防治对象〕螟虫、黏虫、稻飞虱、菜青虫、食心虫、茶尺蠖、蚜虫、红铃虫、地下害虫等。

〔使用剂量〕10～40毫升/亩。

〔施药方式〕每亩对水50～75千克喷雾。

〔用药次数〕1～3次。

〔注意事项〕收获前3～24天停止用药，不能与碱性农药及有机磷农药混用。

25. 20%**速灭杀丁乳油（又名：杀灭菊酯）**

〔厂家〕日本住友化学工业株式会社。

〔毒性〕中毒。

〔作用方式〕触杀和胃毒作用，击倒快。

〔适用范围〕蔬菜、柑橘、棉花、果树、花卉、粮食作物、甘蔗、经济作物等。

〔防治对象〕菜青虫、小菜蛾、棉铃虫、蚜虫、桃小食心虫、柑橘潜叶蛾、茶尺蠖等。

〔使用剂量〕20~50 毫升/亩。

〔施药方式〕每亩对水 50 千克喷雾。

〔用药次数〕1~5 次。

〔注意事项〕对鱼、蚕、蜂等剧毒，安全间隔期为 7~21 天，不可与碱性农药混用。

26. 5%**来福灵乳油**

〔厂家〕日本住友化学工业株式会社。

〔毒性〕中毒。

〔作用方式〕触杀和一定的胃毒作用。

〔适用范围〕粮食、蔬菜、水稻、黄瓜、番茄、果树、花卉、柑橘、苹果等。

〔防治对象〕螟虫、黏虫、蚜虫、棉红铃虫、叶蝉、柑橘潜叶蛾、小菜蛾、菜青虫等。

〔使用剂量〕15~20 毫升/亩。

〔施药方式〕每亩对水 50~75 千克喷雾。

〔用药次数〕1~3 次。

〔注意事项〕喷药要均匀，同其他农药交替使用。

27. 10%**多来宝悬浮剂**

〔厂家〕日本三井东压化学株式会社。

〔毒性〕低毒。

〔作用方式〕触杀和胃毒作用。

〔适用范围〕水稻、棉花、果树、蔬菜、玉米、烟草、茶等。

〔防治对象〕螟虫、稻飞虱、稻苞虫、棉铃虫、红铃虫、蚜虫、烟草夜蛾等。

〔使用剂量〕50~120毫升/亩。

〔施药方式〕每亩对水50~75千克喷雾。

〔用药次数〕1~3次。

〔注意事项〕不能与碱性农药混用。

28. 10%天王星乳油（又名：联苯菊酯）

〔厂家〕美国FMC公司。

〔毒性〕中毒。

〔作用方式〕触杀和胃毒作用。

〔适用范围〕棉花、果树、蔬菜、茶叶、山楂、苹果、柑橘、茄子等。

〔防治对象〕杀虫杀螨如红铃虫、红蜘蛛、潜叶蛾、菜蚜、茶毛虫、小绿叶蝉等。

〔使用剂量〕10~40毫升/亩。

〔施药方式〕每亩对水50~75千克喷雾。

〔用药次数〕1~3次。

〔注意事项〕不要与碱性农药混用，对蜜蜂、家蚕、害虫天敌、水生动物毒性高。

29. 4.5%高效氯氰菊酯乳油（又名：好防星）

〔厂家〕天津农药股份有限公司。

〔毒性〕中毒。

〔作用方式〕触杀和胃毒作用。

〔适用范围〕蔬菜、果树、茶、棉花，卫生害虫等。

〔防治对象〕蚜虫、潜叶蛾、茶尺蠖、小绿叶蝉、棉铃虫、蓟马、蚊、蝇、蟑螂等。

〔使用剂量〕22～44 毫升/亩。

〔施药方式〕害虫幼虫高峰时对水 40～60 千克喷雾，防卫生害虫 250 倍液喷雾。

〔用药次数〕1～3 次。

〔注意事项〕对鱼等水生物毒性高，禁用于桑树。

30. 20%溴灭菊酯乳油

〔厂家〕江苏南京保丰农药厂。

〔毒性〕低毒。

〔作用方式〕触杀、胃毒作用。

〔适用范围〕果树、蔬菜、棉花等。

〔防治对象〕蚜虫、菜青虫、螨、棉铃虫、红铃虫等。

〔使用剂量〕25～50 毫升/亩。

〔施药方式〕害虫发生和产卵时对水 50 千克喷雾。

〔用药次数〕1～2 次。

〔注意事项〕不可与碱性农药混用，对鱼、蚕高毒。

31. 10%溴氟菊酯乳油

〔厂家〕上海中西药业股份有限公司。

〔毒性〕低毒。

〔作用方式〕触杀、胃毒、杀卵作用，对蜜蜂害螨有效。

〔适用范围〕甘蓝、蔬菜、茶、大豆、小麦、果树，蜜蜂等。

〔防治对象〕菜青虫、小菜蛾、蚜虫、红蜘蛛、小绿叶蝉、蜂螨等。

〔使用剂量〕30～100 毫升/亩。

〔施药方式〕每亩对水 50～75 千克喷雾。

〔用药次数〕1～2 次。

〔注意事项〕不能与碱性农药混用，对鱼、蚕高毒。

32. 10%赛乐收乳油（又名：乙氰菊酯）

〔厂家〕日本化药株式会社。

〔毒性〕低毒。

〔作用方式〕以触杀为主，有一定胃毒作用。

〔适用范围〕水稻。

〔防治对象〕稻象甲等。

〔使用剂量〕100~130毫升/亩。

〔施药方式〕移栽后10天，成虫高峰时，每亩对水40~60千克喷雾。

〔用药次数〕1~2次。

〔注意事项〕安全间隔期60天，不可与碱性农药混用。

33. 2.5%保得乳油（又名：氟氯氰菊酯）

〔厂家〕德国拜耳公司。

〔毒性〕低毒。

〔作用方式〕触杀和胃毒作用。

〔适用范围〕蔬菜、烤烟、果树、棉花。

〔防治对象〕菜青虫、小菜蛾、蚜虫、梨木虱、棉铃虫。

〔使用剂量〕25~35毫升/亩。

〔施药方式〕幼虫期每亩对水50~75千克喷雾。

〔用药次数〕1~2次。

〔注意事项〕不能与碱性农药混用。

34. 2%罗素发乳油（又名：氟丙菊酯）

〔厂家〕德国艾格福公司。

〔毒性〕低毒。

〔作用方式〕触杀和胃毒作用。

〔适用范围〕果树、茶、棉花等。

〔防治对象〕红蜘蛛、小绿叶蝉、棉铃虫等。

〔使用剂量〕100～150毫升/亩。

〔施药方式〕害虫发生期每亩对水50～75千克喷雾。

〔用药次数〕1～2次。

〔注意事项〕不能与碱性农药混用。

35. 10.8%凯撒乳油（又名：四溴菊酯）

〔厂家〕德国艾格福公司。

〔毒性〕中毒。

〔作用方式〕触杀和胃毒作用。

〔适用范围〕玉米、蔬菜、果树、棉花等。

〔防治对象〕螟虫、地下害虫、食心虫、红铃虫等。

〔使用剂量〕10～15毫升/亩。

〔施药方式〕幼虫高峰期，每亩对水50～75千克喷雾。

〔用药次数〕1～2次。

〔注意事项〕对眼和皮肤有刺激性。

36. 50%抗蚜威可湿性粉剂

〔厂家〕国产。

〔毒性〕中毒。

〔作用方式〕触杀、渗透及熏蒸作用。

〔适用范围〕粮食、果树、蔬菜、花卉、烟草、瓜等。

〔防治对象〕蚜虫。

〔使用剂量〕14～24克/亩。

〔施药方式〕每亩对水40～50千克喷雾。

〔用药次数〕1～2次。

〔注意事项〕收获前7～10天停止用药。

37. 巴丹原粉

〔厂家〕日本武田药品工业株式会社。

〔毒性〕中毒。

〔作用方式〕内吸作用、胃毒为主。

〔适用范围〕水稻、茶、蔬菜、甘蔗等。

〔防治对象〕二化螟、三化螟、稻飞虱、小绿叶蝉、菜青虫等。

〔使用剂量〕30～50 克/亩。

〔施药方式〕每亩对水 40～60 千克喷雾。

〔用药次数〕1～3 次。

〔注意事项〕安全间隔期为 7 天，对蚕有毒。

38. 15%铁灭克颗粒剂（又名：涕灭威）

〔厂家〕美国联合碳化公司。

〔毒性〕高毒。

〔作用方式〕内吸作用、触杀、胃毒。

〔适用范围〕棉花、烟草。

〔防治对象〕棉蚜、红蜘蛛、蓟马、线虫等。

〔使用剂量〕220～500 克/亩。

〔施药方式〕随种撒施入土或在作物生长期条施或点施，药不要接触到种子。

〔用药次数〕1 次。

〔注意事项〕安全间隔期 90 天。解毒药为硫酸阿托品。

39. 50%巴沙乳油（又名：扑杀威）

〔厂家〕日本三菱化学工业株式会社。

〔毒性〕低毒。

〔作用方式〕内吸作用、胃毒、触杀。

〔适用范围〕水稻。

〔防治对象〕飞虱、叶蝉。

〔使用剂量〕66～132 毫升/亩。

〔施药方式〕每亩对水 40～60 千克喷雾。

〔用药次数〕1～2 次。

〔注意事项〕不能与碱性农药混用，不要污染鱼塘。

40.　3%呋喃丹颗粒剂

〔厂家〕美国 FMC 公司农药部。

〔毒性〕高毒。

〔作用方式〕内吸、触杀和胃毒作用。

〔适用范围〕水稻、玉米、棉花、甘蔗、甜菜、大豆、花生、油菜、香蕉、烟草、咖啡等。

〔防治对象〕螟虫、水稻干尖线虫、地下害虫、蚜虫、线虫、叶蝉、蓟马、食心虫等。

〔使用剂量〕1500～5000 克/亩。

〔施药方式〕播种期或幼苗期，每亩拌 3～5 千克细砂土沟施或撒施。

〔用药次数〕1 次。

〔注意事项〕不能与碱性农药及肥料混用，稻田中不能与敌稗同时施用。

41.　2%灭扑散粉剂（又名：叶蝉散）

〔厂家〕日本三菱化学工业株式会社。

〔毒性〕中毒。

〔作用方式〕触杀作用。

〔适用范围〕水稻。

〔防治对象〕叶蝉、稻飞虱，对蚂蟥有强烈的杀伤作用。

〔使用剂量〕1665～3330 克/亩。

〔施药方式〕喷粉器喷粉。

〔用药次数〕1～2 次。

〔注意事项〕不能与碱性农药混用。

42.　50%西维因可湿性粉剂

〔厂家〕国产。

〔毒性〕低毒。

〔作用方式〕触杀、胃毒和微弱的内吸作用。

〔适用范围〕水稻、棉花、果树、蔬菜、玉米、小麦、茶，经济作物等。

〔防治对象〕二化螟、三化螟、稻飞虱、叶蝉、稻纵卷叶螟、黏虫、蚜虫、棉红铃虫、菜青虫、小菜蛾、茶小绿叶蝉、茶毛虫等。

〔使用剂量〕100~150 克/亩。

〔施药方式〕每亩对水 50~75 千克喷雾。

〔用药次数〕1~2 次。

〔注意事项〕不能与碱性农药混用。

43. 5%安克力颗粒剂

〔厂家〕日本大塚化学株式会社。

〔毒性〕中毒。

〔作用方式〕内吸、胃毒作用。

〔适用范围〕水稻、玉米、大豆、马铃薯、甘蔗、棉花、蔬菜、果树、经济作物等。

〔防治对象〕螟虫、黏虫、稻飞虱、食心虫、玉米螟、菜青虫、小菜蛾、地下害虫等。

〔使用剂量〕1000~3000 克/亩。

〔施药方式〕每亩拌细砂土 2~5 千克，播种前撒施。

〔用药次数〕1 次。

〔注意事项〕对鱼毒性高，施药时期应较液剂提前 3~5 天。

44. 20%好年冬乳油（又名：丁硫克百威）

〔厂家〕美国 FMC 公司。

〔毒性〕中毒。

〔作用方式〕触杀和胃毒作用，持效期长。

〔适用范围〕柑橘、水稻、蔬菜等。

〔防治对象〕锈蜘蛛、潜叶蛾、螟虫、蚜虫、菜青虫等。

〔使用剂量〕250~375 毫升/亩。

〔施药方式〕卵孵盛期或发生初期，每亩对水 50～75 千克喷雾。

〔用药次数〕1～2 次。

〔注意事项〕解毒药为阿托品。

45. 25%灭蚜威乳油（又名：乙硫苯威）

〔厂家〕河北廊坊市东港化工厂。

〔毒性〕中毒。

〔作用方式〕胃毒、触杀和内吸作用，属氨基甲酸酯类。

〔适用范围〕小麦、桃树、烟草等。

〔防治对象〕蚜虫。

〔使用剂量〕80～140 毫升/亩。

〔施药方式〕蚜虫发生时，每亩对水 50～75 千克喷雾。

〔用药次数〕1～2 次。

〔注意事项〕解毒药为阿托品。

46. 20%高卫士可湿性粉剂（又名：噁虫威）

〔厂家〕德国艾格福公司。

〔毒性〕中毒。

〔作用方式〕触杀和胃毒，具一定内吸性，属氨基甲酸酯类。

〔适用范围〕蔬菜、瓜类、柑橘、马铃薯、水稻、玉米等。

〔防治对象〕甲虫、蓟马、叶蝉等。

〔使用剂量〕40～80 克/亩。

〔施药方式〕卵孵化高峰期，每亩对水 50～70 千克喷雾。

〔用药次数〕1～2 次。

〔注意事项〕不能与强碱性药物混用。

47. 25%唑蚜威乳油

〔厂家〕江苏常州农药厂。

〔毒性〕中毒。

〔作用方式〕触杀和内吸作用，在植物体内可双向传导。

〔适用范围〕小麦、棉花、烤烟、蔬菜。

〔防治对象〕蚜虫。

〔使用剂量〕20 ~ 60 毫升/亩。

〔施药方式〕有蚜株率在 30% 时，每亩对水 40 ~ 60 千克喷雾。

〔用药次数〕1 ~ 3 次。

〔注意事项〕易燃，贮存时应远离火源。

48.　1.8% 爱力螨克乳油（又名：AGRIMEC）

〔厂家〕美国默沙东公司。

〔毒性〕中毒。

〔作用方式〕胃毒为主，有一定触杀、渗透作用。

〔适用范围〕柑橘、梨、蔬菜、棉花、番茄、果树等。

〔防治对象〕红蜘蛛、螨类、锈蜘蛛、小菜蛾、潜叶蝇等。

〔使用剂量〕20 ~ 50 毫升/亩。

〔施药方式〕每亩对水 50 ~ 75 千克，加入 100 ~ 150 毫升轻质油喷雾。

〔用药次数〕1 ~ 2 次。

〔注意事项〕对鱼类、蜜蜂毒性大，应避免污染水源。

49.　25% 优乐得可湿性粉剂（又名：扑虱灵）

〔厂家〕日本农业株式会社。

〔毒性〕低毒。

〔作用方式〕抑制幼虫蜕皮，抑制雌虫产卵。

〔适用范围〕水稻、柑橘、茶等。

〔防治对象〕稻飞虱、叶蝉、粉虱、介壳虫、小绿叶蝉等。

〔使用剂量〕25 ~ 50 克/亩。

〔施药方式〕每亩对水 50 ~ 75 千克喷雾。

〔用药次数〕1 次。

〔注意事项〕喷洒要均匀。对白菜、萝卜敏感。

50. 20% **灭幼脲三号悬浮剂**

〔厂家 〕国产。

〔毒性 〕低毒。

〔作用方式〕使昆虫的生理机能（脱皮）受到干扰或抑制。

〔适用范围〕水稻、玉米、蔬菜等。

〔防治对象〕黏虫、甘蓝夜蛾、菜青虫 、美国白蛾等。

〔使用剂量〕50 毫升/亩。

〔施药方式〕每亩对水 50 ~ 75 千克喷雾。

〔用药次数〕1 次。

〔注意事项〕幼虫 3 龄前进行防治。

51. 5% **农梦特乳油**

〔厂家 〕日本三菱化学工业株式会社。

〔毒性 〕低毒。

〔作用方式〕影响昆虫脱皮的苯甲酰脲类杀虫剂。

〔适用范围〕蔬菜、果树、棉花、水稻、豆类等。

〔防治对象〕小菜蛾、菜青虫、豆野螟、棉铃虫、红铃虫、柑橘潜叶蛾、螟虫等。

〔使用剂量〕30 ~ 100 毫升/亩。

〔施药方式〕每亩对水 50 ~ 75 千克喷雾，在低龄幼虫期施药。

〔用药次数〕1 次。

〔注意事项〕喷药要均匀，一般农药操作规则。

52. 20% **虫死净可湿性粉剂（又名：抑食肼）**

〔厂家 〕江苏宜兴市生物化工厂。

〔毒性 〕中毒。

〔作用方式〕胃毒作用，生长调节剂，抑制进食，加速脱皮，减少产卵。

〔适用范围〕蔬菜、水稻、玉米。

〔防治对象〕菜青虫、小菜蛾、螟虫、黏虫等。

〔使用剂量〕50 ~ 125 克/亩。

〔施药方式〕幼虫高峰时每亩对水 40 ~ 60 千克喷雾。

〔用药次数〕1 ~ 2 次。

〔注意事项〕不能与碱性农药混用。

53. 56%磷化铝片剂（每片重 3 克）

〔厂家〕国产。

〔毒性〕高毒。

〔作用方式〕广谱性熏蒸杀虫剂，遇空气中的水分解出磷化氢气。

〔适用范围〕粮食、豆类、花生、花卉、烟草等。

〔防治对象〕米象、谷象、豆象、谷蛾、锯谷盗、杂拟谷盗等各种仓库害虫等。

〔使用剂量〕6 ~ 9 克/米^3 粮堆。

〔施药方式〕将药放入粮堆中，密封 5 ~ 10 天。

〔用药次数〕1 次。

〔注意事项〕熏蒸后的粮食等要充分通风 7 天才可食用。

54. 50%安得利乳油（又名：甲基嘧啶磷）

〔厂家〕英国卜内门化学有限公司。

〔毒性〕低毒。

〔作用方式〕胃毒、熏蒸作用。

〔适用范围〕粮食、豆类等。

〔防治对象〕储粮甲虫、象鼻虫、赤拟谷盗、米象、蛾类害虫、锯谷盗等。

〔使用剂量〕0.5 ~ 1 毫升/米^3。

〔施药方式〕对水 100 克喷雾处理麻袋或聚乙烯粮袋等。

〔用药次数〕1 次。

〔注意事项〕解毒药为阿托品或解磷啶。

55. 20%环氧乙烷熏蒸剂

〔厂家〕山东龙口市振华化工厂。

〔毒性〕中毒。

〔作用方式〕熏蒸。

〔适用范围〕器械、皮毛、空仓库、船舶等。

〔防治对象〕仓库害虫、蟑螂等。

〔使用剂量〕250~500 克/米^3。

〔施药方式〕按常规薰蒸要求进行施药。施药后密闭熏蒸 48~72 小时，然后通风 48 小时。

〔用药次数〕1~2 次。

〔注意事项〕操作现场严禁火种，存放温度 <50℃。

56. 溴甲烷熏蒸剂

〔厂家〕江苏连云港市海水化工一厂。

〔毒性〕高毒。

〔作用方式〕熏蒸作用，扩散性好。

〔适用范围〕仓储害虫、蔬菜、花卉、水果。

〔防治对象〕米象、谷象、赤拟谷盗、玉米象等。

〔使用剂量〕25~50 克/米^3。

〔施药方式〕密闭熏蒸 24 小时，蔬菜、花卉、水果 2 小时。

〔用药次数〕1 次。

〔注意事项〕用于土壤熏蒸兼有杀菌、除草作用。

57. 硫酰氟熏蒸剂（又名：熏灭净）

〔厂家〕浙江临海利民化工厂。

〔毒性〕中毒。

〔作用方式〕熏蒸作用，渗透力强。

〔适用范围〕仓储害虫、林木及种子害虫、文物档案，布匹等。

〔防治对象〕赤拟谷盗、玉米象、烟草甲、木蠹蛾、中华粉蠹等。

〔使用剂量〕10~50 克/米^3。

〔施药方式〕密闭熏蒸 24~48 小时，通风 24~48 小时。

〔用药次数〕1 次。

〔注意事项〕暂缓用于粮食和食品。

58. 25%杀虫双水剂

〔厂家〕国产。

〔毒性〕中毒。

〔作用方式〕内吸。

〔适用范围〕粮食，如水稻。

〔防治对象〕稻蓟马、螟虫、稻飞虱等。

〔使用剂量〕150~250 毫升/亩。

〔施药方式〕每亩对水 50~75 千克喷雾。

〔用药次数〕1~2 次。

〔注意事项〕贮存时间不能超过 2 年。

59. 24%万灵水剂

〔厂家〕美国杜邦公司。

〔毒性〕中毒。

〔作用方式〕胃毒、触杀作用。

〔适用范围〕蔬菜、水稻、棉花、果树、烟草等。

〔防治对象〕小菜蛾、棉铃虫、飞虱、叶蝉、介壳虫、烟青虫等。

〔使用剂量〕50~75 毫升/亩。

〔施药方式〕每亩对水 40~60 千克喷雾。

〔用药次数〕1~2 次。

〔注意事项〕万灵水剂含有甲醇，贮藏时应远离火源。解毒药为阿托品。

60. 10%吡虫啉可湿性粉剂（又名：蚜虱净）

〔厂家〕河北石家庄化工厂。

〔毒性〕低毒。

〔作用方式〕胃毒和触杀作用。

〔适用范围〕水稻、小麦、棉花等。

〔防治对象〕稻飞虱、蚜虫等。

〔使用剂量〕50～100克/亩。

〔施药方式〕害虫发生时每亩对水50～75千克喷雾。

〔用药次数〕1～2次。

〔注意事项〕一般农药操作规则。本品应贮存于干燥、通风处。

61. 5%锐劲特悬浮剂（又名：氟虫腈）

〔厂家〕法国罗纳普朗克公司。

〔毒性〕低毒。

〔作用方式〕胃毒和触杀作用。

〔适用范围〕水稻、蔬菜、烟草、果树、玉米等。

〔防治对象〕稻飞虱、小茶蛾、地下害虫、食心虫、螟虫等。

〔使用剂量〕65～100毫升/亩。

〔施药方式〕害虫发生时每亩对水50～75千克喷雾。

〔用药次数〕1～2次。

〔注意事项〕避免儿童接触。

62. 10%除尽悬浮剂（又名：虫螨晴）

〔厂家〕美国氰氨公司。

〔毒性〕低毒。

〔作用方式〕胃毒、触杀、渗透性强，具一定内吸作用。

〔适用范围〕蔬菜、花卉、果树等。

〔防治对象〕小菜蛾、菜青虫、蚜虫、食心虫等。

〔使用剂量〕15~30 毫升/亩。

〔施药方式〕幼虫期每亩对水 50~75 喷雾。

〔用药次数〕1~2 次。

〔注意事项〕对鱼有毒。

63. 50%宝路可湿性粉剂（又名：丁醚脲）

〔厂家〕国产。

〔毒性〕低毒。

〔作用方式〕内吸和熏蒸作用，属新型硫脲。

〔适用范围〕蔬菜、果树、茶、棉花。

〔防治对象〕蚜虫、叶蝉、小菜蛾、菜粉蝶、夜蛾、红蜘蛛等。

〔使用剂量〕45~65 克/亩。

〔施药方式〕幼虫盛发期每亩对水 40~50 千克喷雾。

〔用药次数〕1~2 次。

〔注意事项〕避免身体与药剂直接接触。

64. 3%莫比朗乳油（又名：啶虫脒）

〔厂家〕日本曹达株式会社。

〔毒性〕中毒。

〔作用方式〕触杀、胃毒作用、渗透性强，属吡啶类化合物。

〔适用范围〕果树、蔬菜等。

〔防治对象〕蚜虫、地下害虫等。

〔使用剂量〕40~50 毫升/亩。

〔施药方式〕害虫发生期每亩对水 50~75 千克喷雾。

〔用药次数〕1~2 次。

〔注意事项〕对蚕有毒，不能与碱性农药混用。

65. 35%赛丹乳油（又名：硫丹）

〔厂家〕德国艾格福公司。

〔毒性〕高毒。
〔作用方式〕胃毒和触杀作用，具渗透性。
〔适用范围〕蔬菜、茶、烟草、水稻、果树、棉花等。
〔防治对象〕小菜蛾、茶尺蠖、烟青虫、蚜虫、螟虫、地下害虫等。
〔使用剂量〕100 ~150 毫升/亩。
〔施药方式〕害虫发生时，每亩对水 50 ~75 千克喷雾。
〔用药次数〕1 ~2 次。
〔注意事项〕对鱼高毒，不能与碱性农药混用。

66. 40% 甲基毒死蜱乳油

〔厂家〕四川化工研究设计院。
〔毒性〕中毒。
〔作用方式〕触杀、胃毒、熏蒸作用，属硫逐磷酸酯类。
〔适用范围〕贮粮等。
〔防治对象〕玉米象、杂拟谷盗、蚊、蝇等。
〔使用剂量〕1000 千克粮用 100 毫升药。
〔施药方式〕拌在粮食中。
〔用药次数〕1 次。
〔注意事项〕易然，应远离火源。

67. 73% 克螨特乳油

〔厂家〕美国有利来化学公司。
〔毒性〕低毒。
〔作用方式〕胃毒和触杀作用。
〔适用范围〕蔬菜、果树、经济作物等。
〔防治对象〕杀螨剂，防治食植物性螨类。
〔使用剂量〕27. 3 ~68. 5 毫升/亩。
〔施药方式〕每亩对水 50 ~75 千克喷雾。
〔用药次数〕2 次。

〔注意事项〕对鱼有毒，使用时应注意。

68. 5%尼索朗乳油

〔厂家〕日本曹达株式会社。

〔毒性〕低毒。

〔作用方式〕渗透性好，触杀作用。

〔适用范围〕柑橘、果树、葡萄、蔬菜、瓜类、青椒等。

〔防治对象〕强烈杀卵剂、叶螨、红蜘蛛等。

〔使用剂量〕50~75毫升/亩。

〔施药方式〕每亩对水50~75千克于发生初期喷雾。

〔用药次数〕1~2次。

〔注意事项〕对成虫效果不大，可与其他农药混用。

69. 20%双甲脒乳油（又名：螨克）

〔厂家〕中国昆山化工厂。

〔毒性〕中毒。

〔作用方式〕触杀为主，有一定的胃毒、熏蒸和内吸作用。

〔适用范围〕柑橘、苹果、蔬菜、梨、山楂，牲畜体外等。

〔防治对象〕杀螨杀虫剂，螨类害虫、红蜘蛛、蚜虫、粉虱等。

〔使用剂量〕50~75毫升/亩。

〔施药方式〕作物每亩对水50~75千克喷雾。牛、羊等用$50\times10^{-6}\sim1000\times10^{-6}$药液喷雾或浸洗。

〔用药次数〕1~2次。

〔注意事项〕不能与碱性农药混用，马不要用。

70. 25%倍乐霸可湿性粉剂（又名：三唑锡）

〔厂家〕德国拜耳公司。

〔毒性〕中毒。

〔作用方式〕触杀为主、广谱性杀螨剂。

〔适用范围〕苹果、葡萄、柑橘、蔬菜等。

〔防治对象〕红蜘蛛及各类害螨。
〔使用剂量〕1000～1500 倍液
〔施药方式〕每亩喷 50 ～65 千克药液。
〔用药次数〕2～3 次。
〔注意事项〕收获前 21 天停止用药。

71. 50% 螨代治乳油（又名：溴螨酯）

〔厂家〕瑞士汽巴－嘉基有限公司。
〔毒性〕低毒。
〔作用方式〕触杀作用较强。
〔适用范围〕柑橘、果树、葡萄、蔬菜、花卉等。
〔防治对象〕各类害螨如叶螨、瘿螨、须螨、线螨等。
〔使用剂量〕1000～1500 倍液。
〔施药方式〕每亩喷药液 50～75 千克。
〔用药次数〕1～3 次。
〔注意事项〕喷药要均匀。果树收获前 21 天停止用药。

72. 20% 阿波罗悬浮剂（又名四螨嗪）

〔厂家〕德国艾格福公司。
〔毒性〕低毒。
〔作用方式〕触杀作用，属有机氮杂环类。
〔适用范围〕果树、蔬菜。
〔防治对象〕红蜘蛛。
〔使用剂量〕40～100 毫升/亩。
〔施药方式〕害螨发生初期每亩对水 50～75 千克喷雾。
〔用药次数〕1～2 次。
〔注意事项〕苹果、柑橘采收前 21 天禁止用药。

73. 20% 哒螨灵可湿性粉剂（又名：速螨酮）

〔厂家〕湖北沙隆达公司。
〔毒性〕低毒。

〔作用方式〕触杀作用。
〔适用范围〕苹果、柑橘。
〔防治对象〕害螨（卵、若螨、成螨）。
〔使用剂量〕25～50克/亩。
〔施药方式〕害螨发生时每亩对水50～75千克喷雾。
〔用药次数〕1～2次。
〔注意事项〕对鱼有毒。

74. 5%扫螨宝乳油（又名：苄螨醚）

〔厂家〕日本三井东亚化学株式会社。
〔毒性〕中毒。
〔作用方式〕触杀作用。属醚类。
〔适用范围〕苹果、柑橘、蔬菜等。
〔防治对象〕红蜘蛛。
〔使用剂量〕50～150毫升/亩。
〔施药方式〕害螨发生时每亩对水50～75千克喷雾。
〔用药次数〕1～2次。
〔注意事项〕对紫外线不稳定，避光保存。

75. 1%苦参碱醇溶液

〔厂家〕内蒙古赤峰碧州植物农药厂。
〔毒性〕低毒。
〔作用方式〕触杀、胃毒作用。植物杀虫剂。
〔适用范围〕蔬菜、果树、烤烟等。
〔防治对象〕菜青虫、蚜虫、红蜘蛛。
〔使用剂量〕50～120毫升/亩。
〔施药方式〕幼虫期，每亩对水40～60千克喷雾。
〔用药次数〕1～3次。
〔注意事项〕严禁与碱性农药混用，避光保存。

76.　2.5% 华光霉素可湿性粉剂（又名：日光霉素）

〔厂家〕华北制药集团。

〔毒性〕低毒。

〔作用方式〕触杀作用。

〔适用范围〕果树、蔬菜。

〔防治对象〕害螨。

〔使用剂量〕80～360 克/亩。

〔施药方式〕杀幼螨，每亩对水 50～75 千克喷雾。

〔用药次数〕1～3 次。

〔注意事项〕不能与碱性农药混用。

77.　30% 松脂酸钠乳油

〔厂家〕安徽利辛县兴华农药厂。

〔毒性〕低毒。

〔作用方式〕触杀为主，兼有黏着、窒息、腐蚀作用。

〔适用范围〕果树、蔬菜、棉花。

〔防治对象〕蚜虫、红蜘蛛。

〔使用剂量〕250～500 毫升/亩。

〔施药方式〕害虫发生时每亩对水 50～75 千克喷雾。

〔用药次数〕1～2 次。

〔注意事项〕不能与遇碱分解的农药混用。

78.　0.75% 立克命追踪粉（又名：杀鼠迷）

〔厂家〕德国拜耳公司。

〔毒性〕高毒。

〔作用方式〕抗凝血性慢性杀鼠剂。

〔适用范围〕田间、室内、果园、森林等。

〔防治对象〕田鼠、家鼠。

〔使用剂量〕1 份立克命配 19 份饵料或原粉。

〔施药方式〕将原药或饵料撒于洞口及鼠道，田间隔 100

米、室内隔5米设投饵点，每点20克。

〔用药次数〕1~2次。

〔注意事项〕避免人、畜直接接触。

79.　0.005%大隆毒饵

〔厂家　〕英国卜内门化学工业有限公司。

〔毒性　〕高毒，会形成二次中毒。

〔作用方式〕抗凝血性第二代灭鼠剂。

〔适用范围〕农田、住宅、仓库。

〔防治对象〕各种鼠类。

〔使用剂量〕65~200克/亩。

〔施药方式〕每投饵点相距5~10米，每点5~10克。仓库及住宅投饵相距5米，每点20~30克。

〔用药次数〕1~2次。

〔注意事项〕切忌与人畜口部接触，死鼠应烧掉或深埋，以免二次中毒。

80.　灭鼠优（又名：抗鼠灵）

〔厂家　〕河北省张家口市鼠药厂。

〔毒性　〕高毒。

〔作用方式〕胃毒。

〔适用范围〕农田、住宅、仓库等。

〔防治对象〕各种害鼠。

〔使用剂量〕用小麦、玉米、大米、红薯等制成饵料。有效成分含量为0.5%~2%。

〔施药方式〕将毒饵撒于鼠经常出没的地方，每隔3米设投饵点，每点30克。

〔用药次数〕1~2次。

〔注意事项〕避免单一使用。

81. 0.005%杀它仗饵料

〔厂家〕英国壳牌公司。

〔毒性〕高毒。

〔作用方式〕第二代抗凝血型，适口性好，属香豆素类。

〔适用范围〕住宅、仓库、农田等。

〔防治对象〕各种害鼠。

〔使用剂量〕65～130克/亩。

〔施药方式〕按5米×10米等距离投饵，每点5～10克。或按洞投，每洞1克。

〔用药次数〕1～2次。

〔注意事项〕对狗敏感。

82. 2.5%杀鼠灵母粉

〔厂家〕上海联合化工厂。

〔毒性〕高毒。

〔作用方式〕抗凝血型、慢性，属香豆素类。

〔适用范围〕住宅、农田、仓库，主要应用于动物园。

〔防治对象〕家鼠、田鼠。

〔使用剂量〕1份母粉加99份饵料（先将饵料与3%的植物油混合）使用逐步稀释法。

〔施药方式〕15米^{2}房间放3～4堆，每堆10～15克；田间3～5米一堆，每堆5～10克。

〔用药次数〕1～2次。

〔注意事项〕必须不断补充被吃的饵料。维生素K_1是有效的解毒剂。

83. 80%敌鼠钠盐（又名：野鼠净）

〔厂家〕大连化工实验厂。

〔毒性〕高毒。

〔作用方式〕第一代抗凝血剂，适口性好，作用缓慢。

〔适用范围〕住宅、农田、仓库等。

〔防治对象〕各种害鼠。

〔使用剂量〕毒饵有效成分为0.025% ~0.1%。

〔施药方式〕采用低浓度、高饵量的饱和投饵20 ~ 50克。或低浓度、小饵量多次投饵5 ~10克。

〔用药次数〕1 ~2次。

〔注意事项〕溶于酒精，微溶于热水。可方便地配制毒饵。

84. 溴敌隆（又名：乐万通）

〔厂家〕法国罗素优克福公司。

〔毒性〕高毒。

〔作用方式〕第二代抗凝血剂。毒性大、适口性好。

〔适用范围〕住宅、农田、仓库、粮食加工厂、动物园等。

〔防治对象〕各种害鼠。

〔使用剂量〕取1千克液剂对水5千克，放入50千克小麦或大米。吸收药物后摊外晾干。

〔施药方式〕田间，每5米放一堆，每堆5克。室内，每间房2堆，每堆5 ~15克。

〔用药次数〕1 ~2次。

〔注意事项〕对第一代抗凝血剂产生抗性后应用，效果更好。

85. 100万毒价/毫升C型肉毒素水剂

〔厂家〕青海省兽医生物药厂。

〔毒性〕剧毒。

〔作用方式〕生物毒素杀鼠剂，为活性物质，-15℃可保存一年以上。

〔适用范围〕在低温、高寒地区使用。田间、草场、农田等。

〔防治对象〕各种害鼠。

〔使用剂量〕使用有效浓度为0.1%～0.2%的毒饵。

〔施药方式〕如配0.1%毒饵，取药50毫升，加入水5升溶解后拌50千克小麦。

〔用药次数〕1～2次。

〔注意事项〕水温应在0～10℃，从保温箱中取出的药应在0℃水中溶化。

86. 75%甘氟原药（又名：鼠甘氟）

〔厂家〕江苏泗阳县鼠药厂。

〔毒性〕高毒。

〔作用方式〕急性杀鼠剂。

〔适用范围〕农田、牧区，也可用于城市灭鼠。

〔防治对象〕各种害鼠。

〔使用剂量〕使用有效浓度为1%～2%的毒饵，配毒饲饵时，需拌入2%～3%的香油。

〔施药方式〕采用棋盘式布点投放，行距10米、堆距5米，每堆10克。

〔用药次数〕1～2次。

〔注意事项〕草原投药后禁牧1个月。解毒药为乙酰胺。

87. 10%浏阳霉素乳油（又名：多活菌素）

〔厂家〕湖南生物药厂。

〔毒性〕低毒。

〔作用方式〕触杀作用。

〔适用范围〕果树、桑树、蔬菜、棉花，蜂。

〔防治对象〕害螨。

〔使用剂量〕30～60毫升/亩。

〔施药方式〕害螨盛发期，每亩对水50～75千克喷雾。

〔用药次数〕1～3次。

〔注意事项〕对紫外线不稳定，避光保存。

88.　0.5%楝素杀虫乳油（又名：蔬果净）

〔厂家〕西北农大无公害农药厂。

〔毒性〕低毒。

〔作用方式〕胃毒、触杀、拒食作用。植物杀虫剂。

〔适用范围〕蔬菜。

〔防治对象〕菜青虫、小菜蛾等。

〔使用剂量〕50～100毫升/亩。

〔施药方式〕幼虫2～3龄，每亩对水60千克喷雾。

〔用药次数〕1～3次。

〔注意事项〕不宜与碱性农药混用。

89.　1.8%阿维菌素乳油

〔厂家〕国产。

〔毒性〕低毒。

〔作用方式〕胃毒、触杀。

〔适用范围〕蔬菜、果树等。

〔防治对象〕菜青虫、小菜蛾、蚜虫、斑潜蝇等。

〔使用剂量〕2000～4000倍液。

〔施药方式〕每亩用药液60千克喷雾。

〔用药次数〕1～3次。

〔注意事项〕不宜与碱性农药混用。

90.　0.65%茴蒿素水剂

〔厂家〕河北省泊头市红光农药厂。

〔毒性〕低毒。

〔作用方式〕胃毒。

〔适用范围〕蔬菜、烟草、茶、果树等。

〔防治对象〕菜青虫、蚜虫、茶尺蠖等。

〔使用剂量〕200～250毫升/亩。

〔施药方式〕害虫发生时每亩对水60千克喷雾。

〔用药次数〕1～3 次。

〔注意事项〕不可与碱性农药混用。

91. 90% **库虫净粉剂（又名：硅藻土）**

〔厂家 〕日本三菱商事株式会社。

〔毒性 〕低毒。

〔作用方式〕物理杀虫，土具棱角、虫与药接触，摩擦皮破死亡。

〔适用范围〕水稻、玉米、大豆等。

〔防治对象〕仓库害虫如玉米象，赤拟谷盗等。

〔使用剂量〕1000 千克粮食混入 1～2 千克药。

〔施药方式〕将药放入粮食中混均匀。

〔用药次数〕1 次。

〔注意事项〕害虫密度为 1～2 头/千克时用药。

92. 6% **密达颗粒剂（又名：四聚乙醛）**

〔厂家 〕瑞士龙沙公司。

〔毒性 〕中毒。

〔作用方式〕胃毒作用。

〔适用范围〕水稻。

〔防治对象〕福寿螺。

〔使用剂量〕460～660 克/亩。

〔施药方式〕在插秧当天每亩拌细砂土 10～25 千克均匀撒施。

〔用药次数〕1～2 次。

〔注意事项〕一般农药操作规则。

93. 70% **百螺杀可湿性粉剂（又名：贝螺杀）**

〔厂家 〕德国拜耳公司。

〔毒性 〕低毒。

〔作用方式〕阻止水中害螺对氧的摄入，使其窒息死亡。

〔适用范围〕水稻。

〔防治对象〕福寿螺。

〔使用剂量〕28 ~33 克/亩。

〔施药方式〕移栽后每亩对水 50 ~75 千克喷雾。保水 3 厘米 2 ~5 天。

〔用药次数〕1 ~2 次。

〔注意事项〕对鱼有毒。

94. 50%浸螺杀可溶性粉剂

〔厂家〕湖北制药厂。

〔毒性〕低毒。

〔作用方式〕胃毒作用。

〔适用范围〕水稻以及其他各种环境。

〔防治对象〕钉螺。

〔使用剂量〕每立方米用药 4 克（有效成分 2 克）。

〔施药方式〕用机动喷雾器施药。

〔用药次数〕1 次。

〔注意事项〕在珍珠养殖场和繁殖鱼苗的池塘禁用。

95. 1%残杀威气雾剂

〔厂家〕湖南化工院实验工厂。

〔毒性〕中毒。

〔作用方式〕触杀、胃毒、熏蒸、快速击倒作用。属氨基甲酸酯类。

〔适用范围〕牲畜体外寄生虫和卫生害虫。

〔防治对象〕蚊、蝇、蜚、蚤虱、蚂蚁等。

〔使用剂量〕0.5 ~2 克/米^3（有效成分）。

〔施药方式〕有害虫时喷施。

〔用药次数〕1 ~3 次。

〔注意事项〕不能与碱性农药混用。

96. 0.5% **灭幼宝颗粒剂（又名：吡丙醚）**

〔厂家 〕日本住友化学工业株式会社。

〔毒性 〕低毒。

〔作用方式〕昆虫调节剂。抑制蚊、蝇幼虫化蛹和羽化。

〔适用范围〕卫生害虫。

〔防治对象〕蚊。蝇幼虫。

〔使用剂量〕20～40 克/米^3。

〔施药方式〕将药直接投入水中。

〔用药次数〕1～2 次。

〔注意事项〕避光保存。

97. 35% **蚊怕水醇溶液（又名：避蚊胺）**

〔厂家 〕北京金鹰清洁用品公司。

〔毒性 〕低毒。

〔作用方式〕驱避剂。

〔适用范围〕卫生害虫。

〔防治对象〕蚊、蝇成虫、蠓、跳虱、虱子。

〔使用剂量〕直接均匀涂抹在皮肤表面或衣服上。

〔施药方式〕适用于旅游、出差、野外作业、军训等。

〔用药次数〕持效时间 4 小时。

〔注意事项〕若出现过敏现象停止使用。

98. 1.65% **猛力杀蟑饵剂（又名：氟蚁腙）**

〔厂家 〕美国嘉力公司。

〔毒性 〕低毒。

〔作用方式〕胃毒作用。

〔适用范围〕卫生害虫。

〔防治对象〕蟑螂。

〔使用剂量〕饵盒。

〔施药方式〕沿墙角放在蟑螂出没的地方。

〔用药次数〕3个月1次。

〔注意事项〕避免儿童误食。

99. 85%灭蚊菊酯原药（又名：戊烯氰氯菊酯）

〔厂家〕上海中西药业公司。

〔毒性〕低毒。

〔作用方式〕触杀、熏蒸。

〔适用范围〕卫生害虫。

〔防治对象〕蚊、蝇成虫。

〔使用剂量〕用于加工蚊香，使用剂量蚊香为5%~6%。

〔施药方式〕制造电热蚊香片或盘蚊香。

〔用药次数〕有虫时使用。

〔注意事项〕不能与碱性物质混用，对家蚕、蜂有毒。

100. 40%中西气雾液剂（又名：氯烯炔菊酯）

〔厂家〕华东医学生物技术研究所实验厂。

〔毒性〕低毒。

〔作用方式〕触杀、熏蒸。蒸气压高，挥发度好，杀灭力强。

〔适用范围〕卫生害虫、粮食害虫。

〔防治对象〕蚊、蝇成虫、蟑螂、谷象、毛皮蠹幼虫等。

〔使用剂量〕5.8~10毫克/米^3。

〔施药方式〕直接喷雾。

〔用药次数〕有虫时使用。

〔注意事项〕一般农药操作规则。

101. 10%速灭灵水乳剂（又名：苯醚菊酯）

〔厂家〕日本住友化学工业株式会社。

〔毒性〕低毒。

〔作用方式〕触杀、胃毒作用。

〔适用范围〕卫生害虫。

〔防治对象〕蚊、蝇成虫、蟑螂等。

〔使用剂量〕按 1:4 加水稀释后、每立方米空间喷药 0.2 毫升。

〔施药方式〕喷药时应关闭门窗。

〔用药次数〕有虫时使用。

〔注意事项〕对蚕、蜜蜂、鱼有毒。

102. 35%百扑灵衣料防蛀剂（又名：右旋烯炔菊酯）

〔厂家〕日本住友化学工业株式会社。

〔毒性〕低毒。

〔作用方式〕熏蒸。

〔适用范围〕家庭卫生害虫、标本害虫等。

〔防治对象〕袋衣蛾、毛毡黑皮蠹、蟑螂等。

〔使用剂量〕3 条/米^3。

〔施药方式〕将制品悬挂在衣柜或标本柜中。

〔用药次数〕1～2 次。

〔注意事项〕尽量避免衣柜等频繁开关。

103. 40%强力毕那命液剂（又名：右旋丙烯菊酯）

〔厂家〕日本住友化学工业株式会社。

〔毒性〕高毒。

〔作用方式〕触杀、胃毒作用。

〔适用范围〕制造蚊香和电热蚊香片的原料。

〔防治对象〕对蚊、蝇成虫有驱除和杀伤作用。

〔使用剂量〕40 毫克/片。

〔施药方式〕将 20 克煤油加入 100 克药中，滴在空白药片上。

〔用药次数〕有虫时用。

〔注意事项〕对鱼有毒。

104. 25%优佳安可湿性粉剂

〔有效成分组成〕(5%优乐得+20% 异丙威)。

〔厂家〕日本农药株式会社。

〔毒性〕中毒。

〔作用方式〕触杀，击倒快。

〔适用范围〕水稻。

〔防治对象〕稻飞虱、稻叶蝉等。

〔使用剂量〕100~150克/亩。

〔施药方式〕害虫发生时，每亩对水50~70千克喷雾。

〔用药次数〕1~2次。

〔注意事项〕不可用毒土法施药。

105. 40%甲敌乳油

〔有效成分组成〕(20%甲基对硫磷+20%敌百虫)。

〔厂家〕福建省龙海农药厂。

〔毒性〕中毒。

〔作用方式〕触杀、胃毒和熏蒸作用。

〔适用范围〕水稻、甘蔗等。

〔防治对象〕稻飞虱、稻螟虫、蔗螟等。

〔使用剂量〕150~200毫升/亩。

〔施药方式〕害虫盛发初期，每亩对水50~70千克喷雾。

〔用药次数〕1~2次。

〔注意事项〕收获前14天禁止用药，解毒药为阿托品。

106. 30%速杀灵乳油

〔有效成分组成〕(20%乐果+10%氰戊菊酯)。

〔厂家〕山西省临汾市平阳化工厂。

〔毒性〕中毒。

〔作用方式〕触杀、胃毒作用。

〔适用范围〕果树、蔬菜、棉花等。

〔防治对象〕蚜虫、菜青虫、棉铃虫等。

〔使用剂量〕30~50 毫升/亩。

〔施药方式〕害虫发生初期每亩对水 50~70 千克喷雾。

〔用药次数〕1~2 次。

〔注意事项〕对鱼、虾、蜜蜂、家蚕毒性高。易燃，见光易分解。

107. 1.25% **灭害灵气雾剂**

〔有效成分组成〕(1% 三氯杀虫酯 +0.25% 氰戊菊酯)。

〔厂家〕广东石歧农药厂。

〔毒性〕中毒。

〔作用方式〕触杀作用。

〔适用范围〕卫生害虫。

〔防治对象〕蚊、蝇、蟑螂、臭虫、蚂蚁等。

〔使用剂量〕0.5~0.6 克/$米^3$。

〔施药方式〕空间喷射。

〔用药次数〕有虫时用。

〔注意事项〕不能暴晒。

108. 40% **速杀畏乳油**

〔有效成分组成〕(20% 敌敌畏 +20% 甲胺磷)。

〔厂家〕广西南宁化工厂。

〔毒性〕高毒。

〔作用方式〕触杀、胃毒作用。兼有内吸及一定熏蒸。

〔适用范围〕水稻、棉花。

〔防治对象〕螟虫、稻叶蝉、稻苞虫、棉铃虫等。

〔使用剂量〕75~100 毫升/亩。

〔施药方式〕幼虫期，每亩对水 50~70 千克喷雾。

〔用药次数〕1~2 次。

〔注意事项〕禁用于蔬菜，解毒药为阿托品。

109. 40%速胺磷乳油

〔有效成分组成〕(20%速灭威+20% 甲胺磷)。

〔厂家〕湖南化工厂研究所。

〔毒性〕高毒。

〔作用方式〕触杀、胃毒作用。

〔适用范围〕水稻、棉花。

〔防治对象〕稻飞虱、稻纵卷叶螟、棉蚜、棉红蜘蛛等。

〔使用剂量〕75~125毫升/亩。

〔施药方式〕幼虫期，每亩对水50~75千克喷雾。

〔用药次数〕1~2次。

〔注意事项〕不能与敌稗混用，两种药施药时间要间隔10天。

110. 21%灭杀毙乳油

〔有效成分组成〕(15%马拉硫磷+6%氰戊菊酯)。

〔厂家〕湖北宜昌三峡农药厂。

〔毒性〕中毒。

〔作用方式〕触杀、胃毒作用，兼有拒食、杀卵、杀蛹。

〔适用范围〕果树、水稻、蔬菜、森林等。

〔防治对象〕蚜虫、红蜘蛛、稻飞虱、菜青虫、松毛虫等。

〔使用剂量〕2000~4000倍液。

〔施药方式〕害虫发生时，每亩用药液50~70千克喷雾。

〔用药次数〕1~2次。

〔注意事项〕对鱼、虾、蜜蜂、家蚕高毒。

111. 50%大灭乳油

〔有效成分组成〕(45%磷胺+5%氰戊菊酯)。

〔厂家〕上海彭浦化工厂。

〔毒性〕高毒。

〔作用方式〕触杀、胃毒作用。

〔适用范围〕水稻、棉花、森林等。
〔防治对象〕稻飞虱、螟虫、棉铃虫、松毛虫等。
〔使用剂量〕25~50 毫升/亩。
〔施药方式〕幼虫高峰时，每亩对水 50~70 千克喷雾。
〔用药次数〕1~2 次。
〔注意事项〕收获前 20 天禁用，解毒药为阿托品。

112. 40%敌马乳油

〔有效成分组成〕(22%敌百虫+18%马拉硫磷)。
〔厂家〕山西省夏县第二化工厂。
〔毒性〕低毒。
〔作用方式〕胃毒、触杀作用。
〔适用范围〕蔬菜、花卉、茶、水稻、果树、草地等。
〔防治对象〕菜青虫、红蜘蛛、稻飞虱、食心虫、土蝗等。
〔使用剂量〕100~125 毫升/亩。
〔施药方式〕害虫发生时，每亩对水 70 千克喷雾。
〔用药次数〕1~2 次。
〔注意事项〕禁止在高粱上使用，不能与碱性农药混用。

113. 40%叶胺磷乳油

〔有效成分组成〕(30%叶蝉散+10%甲胺磷)。
〔厂家〕湖南娄底化工总厂。
〔毒性〕高毒。
〔作用方式〕触杀、胃毒、内吸作用。
〔适用范围〕水稻。
〔防治对象〕稻飞虱、稻叶蝉、稻纵卷叶螟等。
〔使用剂量〕50~75 毫升/亩。
〔施药方式〕害虫发生时，每亩对水 50~60 千克喷雾。
〔用药次数〕1~2 次。
〔注意事项〕安全间隔期 25 天，不得用于蔬菜、瓜果类作物。

114. 30%灭马乳油（又名：抗虫威）

〔有效成分组成〕（20%马拉硫磷+10%灭多威）。

〔厂家〕山东德州农药厂。

〔毒性〕中毒。

〔作用方式〕触杀、胃毒、内吸作用。

〔适用范围〕果树、棉花。

〔防治对象〕红蜘蛛、棉铃虫等。

〔使用剂量〕65~100毫升/亩。

〔施药方式〕害虫发生时，每亩对水40~50千克喷雾。

〔用药次数〕1~2次。

〔注意事项〕不能与碱性农药混用。

115. 12.5%增效喹硫磷乳油

〔有效成分组成〕（12.5%喹硫磷+18%增效磷）。

〔厂家〕四川化工研究设计院。

〔毒性〕中毒。

〔作用方式〕胃毒、触杀作用。

〔适用范围〕果树、小麦、茶。

〔防治对象〕介壳虫、红蜘蛛、小绿叶蝉、蚜虫等。

〔使用剂量〕30~50毫升/亩。

〔施药方式〕害虫发生时，每亩对水50~60千克喷雾。

〔用药次数〕1~2次。

〔注意事项〕解毒药为阿托品。

116. 1.01%杀溴微胶囊粉剂（又名：保粮磷）

〔有效成分组成〕（1.0%杀螟硫磷+0.01%溴氰菊酯）。

〔厂家〕成都粮食储藏所。

〔毒性〕低毒。

〔作用方式〕触杀作用。

〔适用范围〕储粮如：大米、小麦、玉米、大豆等。

〔防治对象〕玉米象、赤拟谷盗、谷蠹等。
〔使用剂量〕100 克粉剂拌粮食 250 千克。
〔施药方式〕拌和要均匀。
〔用药次数〕1 次。
〔注意事项〕一般农药操作规则。

117. 18% **敌溴乳油**

〔有效成分组成〕(16.5% 敌敌畏 +1.5% 溴氰菊酯)。
〔厂家〕广西农学院综合厂。
〔毒性〕中毒。
〔作用方式〕触杀作用。
〔适用范围〕蔬菜、小麦、烟草、玉米。
〔防治对象〕蚜虫。
〔使用剂量〕12.5 ~25 毫升/亩。
〔施药方式〕害虫发生时，每亩对水 40 ~50 千克喷雾。
〔用药次数〕1 ~2 次。
〔注意事项〕收获前 7 天禁用，瓜类、柳树对药较敏感。

118. 44% **多虫青乳油**

〔有效成分组成〕(40% 克虫磷 +4% 氯氰菊酯)。
〔厂家〕瑞士诺华公司。
〔毒性〕中毒。
〔作用方式〕胃毒、触 杀、渗透作用。
〔适用范围〕玉米、西瓜、马铃薯、甘蓝、棉花等。
〔防治对象〕黏虫、蚜虫、小菜蛾、棉铃虫等。
〔使用剂量〕60 ~100 毫升/亩。
〔施药方式〕幼虫期，每亩对水 50 千克喷雾。
〔用药次数〕1 ~2 次。
〔注意事项〕安全间隔期 14 天，对鱼高毒。

119. 10%百虫畏乳油

〔有效成分组成〕(8%氧化乐果+2%氯氰菊酯)。

〔厂家〕山东成武县农药厂。

〔毒性〕中毒。

〔作用方式〕触杀、胃毒作用。

〔适用范围〕水稻、蔬菜、玉米、棉花等。

〔防治对象〕螟虫、菜青虫、玉米螟、棉蚜等。

〔使用剂量〕30~100毫升/亩。

〔施药方式〕害虫发生时，每亩对水50~75千克喷雾。

〔用药次数〕1~3次。

〔注意事项〕对鱼、蜜蜂高毒。不能与碱性农药混用。

120. 20%高效顺反氯马乳油

〔有效成分组成〕(18%马拉硫磷+2%高效顺反氯氰菊酯)。

〔厂家〕北京顺义县农药厂。

〔毒性〕中毒。

〔作用方式〕胃毒、触杀作用。

〔适用范围〕茶、果树、蔬菜、棉花等。

〔防治对象〕小绿叶蝉、食心虫、小菜蛾、菜青虫、棉蚜等。

〔使用剂量〕20~60毫升/亩。

〔施药方式〕害虫发生时，每亩对水50~75千克喷雾。

〔用药次数〕1~3次。

〔注意事项〕不能与碱性农药混用，对鱼、家蚕、蜜蜂有毒。

121. 20%氯杀威乳油

〔有效成分组成〕(16%仲丁威+4%氯氰菊酯)。

〔厂家〕天津市东方多效素厂。

〔毒性〕低毒。

〔作用方式〕胃毒、触杀作用。

〔适用范围〕蔬菜、果树、烟草、花卉等。

〔防治对象〕蚜虫、菜青虫、食心虫等。
〔使用剂量〕13～20毫升/亩。
〔施药方式〕害虫幼虫期，每亩对水40千克喷雾。
〔用药次数〕1～3次。
〔注意事项〕安全间隔期10天，对鱼、蜜蜂毒性高。

122. 40%菊杀乳油

〔有效成分组成〕(28%杀螟硫磷+12%氯戊菊酯)。
〔厂家〕浙江宁波农药厂。
〔毒性〕低毒。
〔作用方式〕胃毒、触杀作用。
〔适用范围〕小麦、蔬菜、苹果、桃、棉花等。
〔防治对象〕蚜虫、菜青虫、食心虫、红铃虫等。
〔使用剂量〕15～25毫升/亩。
〔施药方式〕幼虫期，每亩对水40～60千克喷雾。
〔用药次数〕1～3次。
〔注意事项〕不能与碱性农药混用。对家蚕、蜜蜂、鱼有毒。

123. 20%氰萘威悬浮剂

〔有效成分组成〕(19%甲萘威+1%氯戊菊酯)。
〔厂家〕山东淄川柳泉农药厂。
〔毒性〕中毒。
〔作用方式〕触杀、胃毒作用，速效、持效性好。
〔适用范围〕蔬菜、水稻、棉花等。
〔防治对象〕蚜虫、菜青虫、螟虫、棉铃虫等。
〔使用剂量〕100～150毫升/亩。
〔施药方式〕幼虫期，每亩对水40～60千克喷雾。
〔用药次数〕1～2次。
〔注意事项〕不能与碱性农药混用，对蚕、蜜蜂、鱼有毒。

124. 10%氰菊辛乳油

〔有效成分组成〕(5.5%辛硫磷+4.5%氯菊酯)。

〔厂家〕江苏溧阳市农药复配厂。

〔毒性〕低毒。

〔作用方式〕胃毒和触杀作用，击倒速度快。

〔适用范围〕蔬菜、烟草、茶等。

〔防治对象〕蚜虫、菜青虫、小绿叶蝉等。

〔使用剂量〕25～100毫升/亩。

〔施药方式〕幼虫期对水40～60千克喷雾。

〔用药次数〕1～3次。

〔注意事项〕不能与碱性农药混用，对鱼、蚕、蜜蜂有毒。

125. 35%甲氰甲基对硫磷乳油

〔有效成分组成〕(30%甲基对硫磷+5%甲氰菊酯)。

〔厂家〕广东江门农药厂。

〔毒性〕高毒。

〔作用方式〕触杀、胃毒作用。具一定熏蒸作用。

〔适用范围〕森林、棉花、水稻等。

〔防治对象〕松毛虫、棉红铃虫、棉铃虫、蚜虫、螟虫等。

〔使用剂量〕40～70毫升/亩。

〔施药方式〕幼虫期，每亩对水50～70千克喷雾。

〔用药次数〕1次。

〔注意事项〕不可用于蔬菜，解毒药为阿托品。

126. 26%敌抗1号

〔有效成分组成〕(25%辛硫磷+1%氯氟氰菊酯)。

〔厂家〕江苏连云港市第二农药厂。

〔毒性〕中毒。

〔作用方式〕胃毒和触杀作用。

〔适用范围〕水稻、蔬菜、小麦、棉花等。

〔防治对象〕稻飞虱、菜青虫、蚜虫、棉铃虫等。

〔使用剂量〕50～70毫升/亩。

〔施药方式〕幼虫期，每亩对水50千克喷雾。

〔用药次数〕1～2次。

〔注意事项〕光照易分解，不可与碱性农药混用，对鱼、蚕、蜜蜂有毒。

127. **20%氰马乳油**

〔有效成分组成〕(17.5%马拉硫磷 + 2.5%氰氰戊菊酯)。

〔厂家〕上海中西斯米克药业公司。

〔毒性〕低毒。

〔作用方式〕触杀和胃毒作用。

〔适用范围〕蔬菜、水稻、小麦、花卉、棉花、烟草等。

〔防治对象〕菜青虫、稻飞虱、蚜虫、棉铃虫等。

〔使用剂量〕50～100毫升/亩。

〔施药方式〕幼虫期，每亩对水50～70千克喷雾。

〔用药次数〕1～3次。

〔注意事项〕易燃，贮存在阴暗通风处，对鱼、蜜蜂、蚕有毒。

128. **14%马联苯乳油**

〔有效成分组成〕(10%马拉硫磷 + 4%联苯菊酯)。

〔厂家〕安徽太和县农药厂。

〔毒性〕中毒。

〔作用方式〕触杀、胃毒作用为主，兼有拒食作用。

〔适用范围〕甘蓝、苹果等。

〔防治对象〕菜青虫、蚜虫、红蜘蛛等。

〔使用剂量〕10～20毫升/亩。

〔施药方式〕幼虫期，每亩对水40～50千克喷雾。

〔用药次数〕1～2次。

〔注意事项〕收前7天禁止用药，易燃，不可与碱性农药混用。

129. 0.88%双素碱水剂

〔有效成分组成〕(0.63%茴蒿素 + 0.25%百部碱)。

〔厂家〕天津市胜利植物农药厂。

〔毒性〕低毒。

〔作用方式〕触杀和胃毒作用。

〔适用范围〕蔬菜、甘蓝、油菜、小麦等。

〔防治对象〕蚜虫。

〔使用剂量〕100~150毫升/亩。

〔施药方式〕无翅蚜发生初期，每亩对水40~60千克喷雾。

〔用药次数〕1~5次。

〔注意事项〕不可与碱性农药混用，配好的药液应当天用完。

130. 27.5%毙蚜丁(烟碱+油酸)

〔厂家〕河南大学化工系。

〔毒性〕中毒。

〔作用方式〕胃毒、触杀和熏蒸作用。

〔适用范围〕果树、小麦、油菜、烟草等。

〔防治对象〕蚜虫、红蜘蛛等。

〔使用剂量〕70~140毫升/亩。

〔施药方式〕有红蜘蛛株率在30%时，每亩对水40千克喷雾。

〔用药次数〕1~2次。

〔注意事项〕安全间隔期7~10天，不可与强碱性农药混用。

131. 20%灭净菊酯乳油(又名：克螨氰菊乳油)

〔有效成分组成〕(10%克螨特+10%氰戊菊酯)。

〔厂家〕上海中西药业公司。

〔毒性〕中毒。

〔作用方式〕触杀、胃毒作用。

〔适用范围〕蔬菜、苹果、柑橘、茶等。

〔防治对象〕菜青虫、小菜蛾、小绿叶蝉、红蜘蛛、蚜虫等。

〔使用剂量〕25～35 毫升/亩。

〔施药方式〕害虫发生时，每亩对水 40～50 千克喷雾。

〔用药次数〕1～2 次。

〔注意事项〕不能与碱性农药混用，对鱼有毒，易燃。

132. 9.5%蚜螨净 3 号乳油（又名：氯氰螨醇）

〔有效成分组成〕（8%三氯杀螨醇 +1.5%氯氰菊酯）。

〔厂家〕天津市人民农药厂。

〔毒性〕低毒。

〔作用方式〕胃毒和触杀作用。

〔适用范围〕苹果、山楂、李、桃等。

〔防治对象〕红蜘蛛。

〔使用剂量〕1000～1500 倍液。

〔施药方式〕红蜘蛛发生时，每亩喷药液 75 千克。

〔用药次数〕1～3 次。

〔注意事项〕收获前 10 天禁用，不得与碱性农药混用。

133. 30%螨蚜威乳油（又名：氧乐螨醇）

〔有效成分组成〕（12.5%氧化乐果 +17.5%三氯杀螨醇）。

〔厂家〕常熟化工厂。

〔毒性〕中毒。

〔作用方式〕内吸兼触杀作用。

〔适用范围〕果树、棉花。

〔防治对象〕红蜘蛛、蚜虫、盲蝽象等。

〔使用剂量〕50～100 毫升/亩。

〔施药方式〕害虫发生时，每亩对水 50～75 千克喷雾。

〔用药次数〕1～2 次。

〔注意事项〕不能与碱性农药和除草剂混用。

134.　7.5%农螨丹乳油

〔有效成分组成〕(5%灭扫利+2.5%尼索朗)。

〔厂家〕日本曹达公司。

〔毒性〕中毒。

〔作用方式〕触杀和胃毒，有杀卵作用。

〔适用范围〕苹果、柑橘、桃、李等。

〔防治对象〕红蜘蛛、桃小食心虫、蚜虫等。

〔使用剂量〕500~1000倍液。

〔施药方式〕害虫发生时，每亩喷药液75千克。

〔用药次数〕1~2次。

〔注意事项〕对鱼、蜂、蚕有毒，不可与碱性农药混用。

135.　28.3%尼索螨特乳油

〔有效成分组成〕(25%克螨特+3.3%尼索朗)。

〔厂家〕日本曹达公司。

〔毒性〕低毒。

〔作用方式〕触杀和胃毒作用，能穿透植物表皮。

〔适用范围〕柑橘、苹果、番茄、花卉、蔬菜等。

〔防治对象〕红蜘蛛。

〔使用剂量〕1500~ 2000倍液。

〔施药方式〕害螨发生时，每亩喷药液50~75千克。

〔用药次数〕1~2次。

〔注意事项〕幼嫩作物在温度高时喷高浓度液时有轻微药害。

136.　65%敌蚜净乳油

〔有效成分组成〕(64.6%0号柴油+0.4%甲氰菊酯)。

〔厂家〕江苏靖江市生物化工厂。

〔毒性〕低毒。

〔作用方式〕触杀、胃毒作用为主；兼有黏着性；并可杀卵。

〔适用范围〕果树、棉花、小麦、蔬菜等。

〔防治对象〕蚜虫、红蜘蛛、菜青虫等。

〔使用剂量〕40~100 毫升/亩。

〔施药方式〕害虫发生时，每亩对水 50~75 千克喷雾。

〔用药次数〕1~3 次。

〔注意事项〕作物收获前 20 天禁止用药，对水生生物、家蚕有毒。

137. 85% 敌蚜螨乳油

〔有效成分组成〕(85% 机械油 +0.025% 溴氰菊酯)。

〔厂家〕江苏靖江市生物化工厂。

〔毒性〕低毒。

〔作用方式〕触杀作用。

〔适用范围〕小麦、棉花、蔬菜等。

〔防治对象〕蚜虫、红蜘蛛等。

〔使用剂量〕100~150 毫升/亩。

〔施药方式〕害虫发生时，每亩对水 50~70 千克喷雾。

〔用药次数〕1~3 次。

〔注意事项〕对鱼、家蚕有毒，不可与碱性农药混用。

138. 25% 呋多种子处理剂

〔有效成分组成〕(15% 呋喃丹 +10% 多菌灵)。

〔厂家〕天津北方种衣剂中试厂。

〔毒性〕高毒。

〔作用方式〕触杀、内吸作用。

〔适用范围〕蔬菜、花卉、玉米、大豆、西瓜、棉花等。

〔防治对象〕蚜虫、地下害虫，炭疽病、立枯病等。

〔使用剂量〕每 100 千克种子用药 2.8~4.0 千克。

〔施药方式〕播种前均匀包衣后播种。
〔用药次数〕1次。
〔注意事项〕严禁对水喷雾，不可与其他农药混用。

139. 3%双甲颗粒剂

〔有效成分组成〕（1.5%甲胺磷+1.5%甲基对硫磷）。
〔厂家〕四川乐山市农用化工厂。
〔毒性〕高毒。
〔作用方式〕触杀、胃毒，一定的内吸、熏蒸作用。
〔适用范围〕水稻、玉米、甘蔗等。
〔防治对象〕三化螟、二化螟、玉米螟、地下害虫等。
〔使用剂量〕1600～2500克/亩。
〔施药方式〕拌细土30～60千克撒施。
〔用药次数〕1～2次。
〔注意事项〕严禁在蔬菜上用，不可与碱性农药混用。

140. 10%辛拌磷粉粒剂

〔有效成分组成〕（6%辛硫磷+4%甲拌磷）。
〔厂家〕山西化工农药实验厂。
〔毒性〕高毒。
〔作用方式〕触杀、胃毒、具一定内吸作用。
〔适用范围〕花生、棉花、小麦、大豆等。
〔防治对象〕蛴螬、小地老虎、蝼蛄、金针虫等。
〔使用剂量〕400～600克/亩。
〔施药方式〕拌细土30～60千克，开沟播种时施入。
〔用药次数〕1次。
〔注意事项〕严禁在蔬菜上用。易光解，应避光贮存于阴凉处。

141. 1.3%鱼藤氰戊乳油

〔有效成分组成〕（0.8%鱼藤酮+0.5%氰戊菊酯）。

〔厂家〕广东德庆县两江植保化工厂。

〔毒性〕中毒。

〔作用方式〕触杀、胃毒、驱赶作用。

〔适用范围〕蔬菜。

〔防治对象〕菜青虫、蚜虫、螨等。

〔使用剂量〕100～125毫升/亩。

〔施药方式〕害虫发生时，每亩对水40～50千克喷雾。

〔用药次数〕1～3次。

〔注意事项〕不能与碱性农药混用。

142. 0.24%**拜高飞虫气雾剂**

〔有效成分组成〕（氟氯氰菊酯+胺菊酯）。

〔厂家〕德国拜耳公司。

〔毒性〕低毒。

〔作用方式〕触杀、胃毒作用，有较好的击倒致死性。

〔适用范围〕家居、酒店、办公室、商店等。

〔防治对象〕蚊、蝇、蟑螂、蚂蚁等。

〔使用剂量〕直接喷杀：2毫升/米^3；滞留喷杀20～50毫升/米^3。

〔施药方式〕有虫时用。

〔用药次数〕1～3次。

〔注意事项〕有虫时用，勿接近火源或撬、敲、穿刺。勿倒置。

143. 20.9%**速效杀虫净乳油**

〔有效成分组成〕（氯氰菊酯+敌敌畏）。

〔厂家〕北京隆华杀虫净厂。

〔毒性〕中毒。

〔作用方式〕触杀、胃毒、熏蒸作用。

〔适用范围〕厕所、垃圾场、畜牧场。

〔防治对象〕蚊、蝇、蟑螂、蚂蚁等。

〔使用剂量〕250 倍药液。

〔施药方式〕每平方米喷药液 10～15 毫升。

〔用药次数〕1～3 次。

〔注意事项〕对蚕、蜜蜂有毒。如药液溅入眼中，用清水冲洗至少 15 分钟。

144.　23.2% 天军牌奥灵Ⅱ型杀虫乳油

〔有效成分组成〕（顺式氯氰菊酯 + 胺菊酯 + 仲丁威）。

〔厂家〕天津龙风日用化工厂。

〔毒性〕中毒。

〔作用方式〕触杀和胃毒。

〔适用范围〕室内外卫生害虫。

〔防治对象〕蚊、蝇、蟑螂、蚂蚁等。

〔使用剂量〕100～250 倍药液。

〔施药方式〕直喷：2 毫升/米^3；滞留喷：50 毫升/米^3。

〔用药次数〕1～3 次。

〔注意事项〕贮存于阴凉干燥处。

145.　0.512% 闯入者气雾剂

〔有效成分组成〕（溴氰菊酯 + 氯菊酯）。

〔厂家〕英国艾喜益国际有限公司。

〔毒性〕低毒。

〔作用方式〕触杀、胃毒，杀虫活性高。

〔适用范围〕卫生害虫。

〔防治对象〕蚂蚁、蟑螂、蚊、蝇。

〔使用剂量〕直接喷杀：2 毫升/米^3；滞留喷杀：20～50 毫升/米^3。

〔施药方式〕有虫时用。

〔用药次数〕1～3 次。

〔注意事项〕喷雾时应避开食具、食品及鱼缸。

146. 0.22% **杀虫净粉剂**

〔有效成分组成〕(溴氰菊酯+氯菊酯+胺菊酯)。

〔厂家〕北京市隆华杀虫净厂。

〔毒性〕低毒。

〔作用方式〕触杀、胃毒作用。

〔适用范围〕室内和公共场所卫生害虫。

〔防治对象〕蚊、蝇、蟑螂、蚂蚁、跳虱、臭虫等。

〔使用剂量〕每平方米用药0.5~1克。

〔施药方式〕沿室内墙角和门窗等处作滞留喷撒，隔25天再撒一次。

〔用药次数〕有虫时用。

〔注意事项〕应避光，阴凉处存放。

147. 0.288% **枪手牌杀虫灵气雾剂**

〔有效成分组成〕(溴氰菊酯+右旋胺菊酯)。

〔厂家〕上海庄臣有限公司。

〔毒性〕低毒。

〔作用方式〕触杀和胃毒作用。

〔适用范围〕室内爬行害虫。

〔防治对象〕蟑螂、蚂蚁、跳虱、臭虫等。

〔使用剂量〕滞留喷雾：20~50毫升/米^3。

〔施药方式〕喷于害虫活动空间，形成20 cm的药带。

〔用药次数〕有虫时用。

〔注意事项〕贮存远离火源，不可在阳光下直晒。

148. 1% **洁利窗纱涂剂**

〔有效成分组成〕(氯氰菊酯+氯菊酯)。

〔厂家〕华东医学生物技术研究所。

〔毒性〕低毒。

〔作用方式〕触杀。

〔适用范围〕卫生害虫。

〔防治对象〕蚊、蝇。

〔使用剂量〕20～50 毫升/米^3。

〔施药方式〕直接将药剂均匀地涂抹在纱窗上。

〔用药次数〕1 次。

〔注意事项〕对蚕、蜜蜂、鱼有毒，避光保存。

149. 0.15% 灭害灵 D（WB）型气雾剂

〔有效成分组成〕(胺菊酯 + 高效顺反氯氰菊酯 + 增效醚)。

〔厂家〕广东中山精细化公司。

〔毒性〕低毒。

〔作用方式〕触杀，击倒快。D 型加香精溶剂；WB 型加香精乳化剂。

〔适用范围〕卫生害虫。

〔防治对象〕蚊、蝇、蟑螂、蚂蚁等。

〔使用剂量〕20～50 毫升/米^3。

〔施药方式〕直接对准害虫喷雾，或喷在其活动的场所。

〔用药次数〕有虫时用。

〔注意事项〕对鱼、蜜蜂、蚕有毒，易燃。

150. 9% 灭蝇灵 1 号乳油

〔有效成分组成〕(氯氰菊酯 + 氰戊菊酯)。

〔厂家〕中国农业大学试验厂。

〔毒性〕低毒。

〔作用方式〕触杀和胃毒作用，药效可保持 1 个月。

〔适用范围〕食堂、医院、饭店及其他场所。

〔防治对象〕蚊、蝇、蟑螂、蚂蚁等。

〔使用剂量〕10～15 倍药液。

〔施药方式〕每平方米门窗和墙面喷药液 10～15 毫升。

〔用药次数〕1～2 次。

〔注意事项〕对蚕、蜜蜂、鱼有毒，避光保存。

151. 0.35%**立可宁油剂**

〔有效成分组成〕（氯氰菊酯+右旋反式丙烯菊酯）。

〔厂家〕英国艾喜益国际有限公司。

〔毒性〕低毒。

〔作用方式〕触杀和胃毒作用，击倒快，致死效果好。

〔适用范围〕室内环境卫生。

〔防治对象〕蝇、蚊、蟑螂、蚂蚁等。

〔使用剂量〕直接喷洒：以1毫升/米^{3}对准害虫喷雾；滞留喷洒：以10~15毫升/米^{3}喷涂在墙面上。

〔施药方式〕有虫时用。

〔用药次数〕1~3次。

〔注意事项〕对蚕、蜜蜂、鱼有毒，喷药时应戴好手套及防护镜。

152. 20%**除害灵乳油**

〔有效成分组成〕（氯氰菊酯+杀螟硫磷）。

〔厂家〕北京华戍生物激素厂。

〔毒性〕中毒。

〔作用方式〕触杀和胃毒。

〔适用范围〕厕所、垃圾场、广场等。

〔防治对象〕蝇、蚊、蟑螂、蚂蚁等。

〔使用剂量〕每平方米用药0.5~0.75毫升。

〔施药方式〕对水100克进行滞留喷洒。

〔用药次数〕1~3次。

〔注意事项〕对蚕、蜜蜂、鱼有毒。应避光保存。

杀菌剂

153. 50%多菌灵可湿性粉剂

〔厂家〕国产。

〔毒性〕低毒。

〔作用方式〕保护治疗作用的内吸杀菌剂，干扰菌的纺锤体形成。

〔适用范围〕粮、蔬菜、番茄、瓜、花卉、烟草、果树等。

〔防治对象〕纹枯病、赤霉病、蔬菜苗期病害、炭疽病等。

〔使用剂量〕75～100克/亩。

〔施药方式〕发病初期，每亩对水50～75千克喷雾。拌种按种子量0.1%～0.5%。

〔用药次数〕1～2次。

〔注意事项〕长期使用，易产生抗性；不能与铜制剂混用。

154. 15%粉锈宁可湿性粉剂

〔厂家〕国产。

〔毒性〕低毒。

〔作用方式〕保护治疗作用的内吸杀菌剂。

〔适用范围〕粮、蔬菜、果树、花卉、烟草、瓜、橡胶、经济作物等。

〔防治对象〕锈病、白粉病。

〔使用剂量〕60～100克/亩。

〔施药方式〕每亩对水50～75千克喷雾。

〔用药次数〕1～3次。

〔注意事项〕不可与食物和饲料一起存放。

155. 20% 三环唑可湿性粉剂

(进口加工剂型为：75% 比艳)

〔厂家〕国产。

〔毒性〕中毒。

〔作用方式〕保护治疗作用的内吸杀菌剂。

〔适用范围〕水稻。

〔防治对象〕稻瘟病。

〔使用剂量〕20wp，75~100 克/亩；75wp，20~27 克/亩。

〔施药方式〕每亩对水 50~75 千克喷雾。

〔用药次数〕1~2 次。

〔注意事项〕收获前 30 天停止用药。

156. 25% 川化－018 可湿性粉剂（又名：叶枯唑）

〔厂家〕国产。

〔毒性〕低毒。

〔作用方式〕保护。

〔适用范围〕水稻。

〔防治对象〕白叶枯病。

〔使用剂量〕100~150 克/亩。

〔施药方式〕每亩对水 50~75 千克喷雾。

〔用药次数〕1~2 次。

〔注意事项〕不适宜用毒土。

157. 50% 扑海英可湿性粉剂

〔厂家〕法国罗纳普朗克公司。

〔毒性〕低毒。

〔作用方式〕触杀型杀菌剂，保护作用。

〔适用范围〕果树、蔬菜、瓜类、人参、三七、水稻、油菜、葡萄。水果防腐。

〔防治对象〕苹果斑点落叶病、灰霉病、疫病、菌核病、立枯病、青绿霉病等。

〔使用剂量〕50～100 克/亩。

〔施药方式〕每亩对水 50～75 千克喷雾。水果防腐用 100×10^{-6}液浸 1 分钟晾干后包装。

〔用药次数〕2～4 次。

〔注意事项〕喷药要全面均匀，药后用肥皂洗手、洗脸等。

158. 50%速克灵可湿性粉剂

〔厂家〕日本住友化学工业株式会社。

〔毒性〕低毒。

〔作用方式〕保护与治疗作用。

〔适用范围〕葡萄、草莓、黄瓜、蔬菜、花卉、洋葱、油菜等。

〔防治对象〕灰霉病、菌核病、褐腐病、大斑病、花腐病、根腐病等。

〔使用剂量〕50～100 克/亩。

〔施药方式〕每亩对水 50～75 千克喷雾。

〔用药次数〕1～3 次。

〔注意事项〕不能与碱性农药混用。

159. 60%乐必耕可湿性粉剂

〔厂家〕美国礼来公司。

〔毒性〕低毒。

〔作用方式〕保护、治疗作用。

〔适用范围〕苹果、梨、瓜类、花生、橡胶等。

〔防治对象〕黑星病、腐烂病、白粉病、叶斑病、锈病等。

〔使用剂量〕50～75 克/亩。

〔施药方式〕每亩对水 50～75 千克喷雾。

〔用药次数〕2～4 次。

〔注意事项〕安全间隔期为 21 天。

160. 50%农利灵可湿性粉剂（又名：乙烯菌核利）

〔厂家〕德国巴斯夫公司。

〔毒性〕低毒。

〔作用方式〕保护作用。

〔适用范围〕油菜、水稻、蔬菜、瓜类、果树等。

〔防治对象〕灰霉病、叶枯病、叶斑病、菌核病、炭疽病等。

〔使用剂量〕50～80克/亩。

〔施药方式〕每亩对水60～100千克喷雾。

〔用药次数〕1～3次。

〔注意事项〕一般农药操作规程。

161. 75%十三吗啉乳油

〔厂家〕德国巴斯夫公司。

〔毒性〕低毒。

〔作用方式〕内吸杀菌剂，保护治疗作用。

〔适用范围〕麦类、黄瓜、马铃薯、茶、橡胶等。

〔防治对象〕白粉病、锈病、茶饼病、红根病等。

〔使用剂量〕100～150克/亩。

〔施药方式〕每亩对水50～75千克喷雾；橡胶红根病开沟灌于根附近。

〔用药次数〕2～4次。

〔注意事项〕勿沾染皮肤、眼等；药后用水洗手、脸。

162. 25%敌力脱乳油（又名：丙环唑）

〔厂家〕瑞士汽巴－嘉基有限公司。

〔毒性〕低毒。

〔作用方式〕内吸杀菌剂，保护和治疗作用。

〔适用范围〕水稻、小麦、葡萄、花生、香蕉等。

〔防治对象〕恶苗病、根腐病、白粉病、叶斑病等。

〔使用剂量〕30～50 克/亩。

〔施药方式〕每亩对水 50～75 千克喷雾。

〔用药次数〕1～3 次。

〔注意事项〕贮存温度不得超过 35℃。

163. 15% **百坦干拌种剂（又名：羟锈宁）**

〔厂家〕德国拜耳公司。

〔毒性〕低毒。

〔作用方式〕内吸、保护治疗作用。

〔适用范围〕小麦、大麦、燕麦、高粱、玉米、谷子等。

〔防治对象〕光腥黑穗病、坚黑穗病、散黑穗病、白粉病、锈病、丝黑穗病、粒黑穗病等。

〔使用剂量〕66.7～550 克/100 千克种子。

〔施药方式〕播种时拌种。

〔用药次数〕1 次。

〔注意事项〕一般农药操作规则，拌种要均匀。

164. 40% **富士 1 号可湿性粉剂（又名：稻瘟灵）**

〔厂家〕日本农药株式会社。

〔毒性〕低毒。

〔作用方式〕内吸保护治疗作用。

〔适用范围〕水稻。

〔防治对象〕稻瘟病。

〔使用剂量〕66～100 克/亩

〔施药方式〕每亩对水 50 千克喷雾。

〔用药次数〕1～3 次。

〔注意事项〕收获前 14 天停止用药。

165. 30% **百科乳油（又名：双苯三唑醇）**

〔厂家〕德国拜耳公司。

〔毒性〕低毒。

〔作用方式〕渗透性，保护治疗作用。

〔适用范围〕小麦、花生、菜豆、花卉、苹果、橡胶等。

〔防治对象〕锈病、白粉病、黑星病、叶斑病、褐斑病。

〔使用剂量〕30～60毫升/亩。

〔施药方式〕每亩对水50千克喷雾，每次间隔15～20天。

〔用药次数〕1～5次。

〔注意事项〕一般农药操作规则。

166. 12.5%**速保利可湿性粉剂**

〔厂家〕日本住友化学工业株式会社。

〔毒性〕低毒。

〔作用方式〕内吸传导铲除，保护治疗作用。

〔适用范围〕玉米、小麦、花生、苹果、咖啡、花卉、蔬菜、瓜、梨等。

〔防治对象〕白粉病、锈病、黑星病、黑穗病、叶枯病、青霉病等。

〔使用剂量〕拌种160～640克/100千克种子，拌种为播种时。喷雾12～48克/亩。

〔施药方式〕喷雾为发病初期，每亩对水50千克喷雾。

〔用药次数〕1～2次。

〔注意事项〕不能与碱性农药混用。

167. 30%**倍生乳油（又名：苯赛氰）**

〔厂家〕美国保克曼公司。

〔毒性〕低毒。

〔作用方式〕保护治疗作用的种子保护剂。

〔适用范围〕水稻、蔬菜、瓜类、柑橘、甜菜、棉花、谷子等。

〔防治对象〕叶瘟病、胡麻叶斑病、炭疽病、立枯病、瓜类猝倒病、溃疡病等。

〔使用剂量〕50～100 毫升/亩。

〔施药方式〕种子拌种或浸种，喷雾在发病初期，每亩对水 50 千克，每次间隔 7～14 天。

〔用药次数〕1～3 次。

〔注意事项〕对鱼类有毒，对眼睛、皮肤有刺激作用。

168. **30%特富灵可湿性粉剂**

〔厂家〕日本曹达株式会社。

〔毒性〕低毒。

〔作用方式〕内吸、保护治疗、铲除作用。

〔适用范围〕麦类、蔬菜、果树、桃、瓜类、烟草、葡萄、花卉、梨等。

〔防治对象〕白粉病、锈病、炭疽病、褐斑病、黑胫病等。

〔使用剂量〕33.3～40 克/亩。

〔施药方式〕每亩对水 50 千克喷雾，每次间隔 7～10 天。

〔用药次数〕2～3 次。

〔注意事项〕收获前 14 天停止用药。

169. 22.2%**戴唑霉乳油（又名：万利得）**

〔厂家〕北美埃尔夫阿托公司戴冠分部。

〔毒性〕中毒。

〔作用方式〕广谱、内吸性。

〔适用范围〕柑橘、香蕉、苹果、桃、李、梨、柚子、葡萄等采后保鲜用。

〔防治对象〕青霉菌、绿霉菌。

〔使用剂量〕100～500 倍液。

〔施药方式〕将果放入药液中浸果 1～3 分钟，捞起晾干。

〔用药次数〕1 次。

〔注意事项〕解毒药为阿托品。

170. 20%喹菌酮可湿性粉剂

〔厂家〕日本住友化学株式会社。

〔毒性〕低毒。

〔作用方式〕治疗和保护作用。

〔适用范围〕白菜、水稻、马铃薯等。

〔防治对象〕软腐病、粒腐病、黑胫病等。

〔使用剂量〕1000~1500倍液。

〔施药方式〕发病初期每亩喷药液75千克。

〔用药次数〕1~2次。

〔注意事项〕药剂稀释后，要及时使用。对眼有轻微刺激。

171. 40%百可得可湿性粉剂

〔厂家〕日本油墨化学工业株式会社。

〔毒性〕低毒。

〔作用方式〕保护作用。

〔适用范围〕苹果、芦笋、柑橘等。

〔防治对象〕斑点落叶病、茎枯病、青绿霉病等。

〔使用剂量〕防病：800~1000倍液。保鲜：1000~2000倍液。

〔施药方式〕防病：发病初期，每亩喷药液75千克。保鲜：浸果1~2分钟。

〔用药次数〕1~3次。

〔注意事项〕在苹果落花后20天内喷雾，会造成“锈果”。不能用于花卉。

172. 66.5%普力克水剂（又名：霜霉威）

〔厂家〕德国艾格福公司。

〔毒性〕低毒。

〔作用方式〕内吸传导作用。

〔适用范围〕黄瓜、西瓜、葡萄、辣椒、番茄等。

〔防治对象〕猝倒病、霜霉病、疫病、炭疽病等。

〔使用剂量〕65～110 毫升/亩。

〔施药方式〕发病初期，每亩对水 75 千克喷雾，每隔 7～10 天再喷 1 次。

〔用药次数〕2～3 次。

〔注意事项〕安全间隔期 3 天。解毒药为硫酸阿托品。

173. 60% 防霉宝水溶性粉剂（又名：多菌灵盐酸盐）

〔厂家〕江苏江阴农药厂。

〔毒性〕低毒。

〔作用方式〕内吸作用。

〔适用范围〕小麦。

〔防治对象〕赤霉病。

〔使用剂量〕50～140 克/亩。

〔施药方式〕发病初期，每亩对水 50～75 千克喷雾。

〔用药次数〕1～2 次。

〔注意事项〕不可与碱性农药混用。与粉锈宁混用效果更佳。

174. 25% 瑞毒霉可湿性粉剂（又名：甲霜灵）

〔厂家〕瑞士汽巴－嘉基有限公司。

〔毒性〕低毒。

〔作用方式〕保护治疗作用的内吸杀菌剂。植物体内可移动。

〔适用范围〕蔬菜、苹果、瓜、烟草等。

〔防治对象〕霜霉病、黑胫病、疫病等。

〔使用剂量〕32～133 克/亩。

〔施药方式〕每亩对水 50～75 千克喷雾。

〔用药次数〕1～3 次。

〔注意事项〕叶面喷施时，按 1:2 比例与 80% 代森锌混合后使用。

175. 25% **邻酰胺悬浮剂**

〔厂家〕国产。

〔毒性〕低毒。

〔作用方式〕内吸杀菌剂。植物体内可移动。

〔适用范围〕水稻、小麦。

〔防治对象〕稻瘟病、纹枯病。

〔使用剂量〕200 ~320 毫升/亩。

〔施药方式〕每亩对水 50 ~75 千克喷雾。

〔用药次数〕1 ~3 次。

〔注意事项〕早期施药。

176. 70% **甲基托布津可湿性粉剂**

〔厂家〕日本曹达株式会社。

〔毒性〕低毒。

〔作用方式〕保护治疗作用的广谱内吸杀菌剂。

〔适用范围〕蔬菜、果树、药材、花卉、瓜、烟草等。

〔防治对象〕纹枯病、灰霉病、紫斑病、炭疽病、菌核病等。

〔使用剂量〕47 ~100 克/亩。

〔施药方式〕每亩对水 50 ~75 千克喷雾。

〔用药次数〕2 ~3 次。

〔注意事项〕不能与无机铜制剂混用。

177. 95% **敌克松可溶性粉剂**

〔厂家〕国产。

〔毒性〕中毒。

〔作用方式〕保护作用。

〔适用范围〕粮食、蔬菜、烟草、药材、花卉、瓜等。

〔防治对象〕立枯病、炭疽病、软腐病、枯萎病等。

〔使用剂量〕210.5～526克/亩。

〔施药方式〕每亩对水50～75千克喷苗床。拌种按种子量0.3%～0.5%。

〔用药次数〕1～2次。

〔注意事项〕土壤处理剂，现用现配。

178. 50%利克菌可湿性粉剂

〔厂家〕日本住友化学工业株式会社。

〔毒性〕低毒。

〔作用方式〕保护与治疗作用。

〔适用范围〕马铃薯、棉花、蔬菜、草皮、花生等。

〔防治对象〕黑痣病、茎腐病、苗立枯病、白绢病、软腐病、枯萎病、花卉根腐病等。

〔使用剂量〕200～1000克/亩。

〔施药方式〕犁沟喷雾或毒土；拌种2～6千克/1000千克种子。

〔用药次数〕1次。

〔注意事项〕土壤处理剂，一般农药操作规程。

179. 35%阿普隆拌种剂（又名：保种灵）

〔厂家〕瑞士汽巴－嘉基有限公司。

〔毒性〕低毒。

〔作用方式〕内吸作用，保护与治疗。

〔适用范围〕谷子、蔬菜、高粱、甜菜、黄瓜等。

〔防治对象〕白发病、霜霉病、疫霉病、腐霉病等。

〔使用剂量〕200～300克/亩。

〔施药方式〕把种子用水淋湿，拌7分钟后加入阿普隆再拌3～5分钟。

〔用药次数〕1次。

〔注意事项〕一般农药操作规程。

180. 50%热必斯可湿性粉剂（又名：稻瘟酞）

〔厂家〕日本吴羽化学工业株式会社。

〔毒性〕低毒。

〔作用方式〕保护作用。

〔适用范围〕水稻。

〔防治对象〕稻瘟病。

〔使用剂量〕50～100克/亩。

〔施药方式〕每亩对水60～75千克喷雾。

〔用药次数〕2～3次。

〔注意事项〕收获前21天停止用药，不能与碱性农药混用。

181. 75%百菌清可湿性粉剂

〔厂家〕云南化工研究所。

〔毒性〕低毒。

〔作用方式〕非内吸广谱杀菌剂，具保护作用。

〔适用范围〕蔬菜、黄瓜、花生、橡胶等。

〔防治对象〕霜霉病、白粉病、炭疽病、条溃疡病等。

〔使用剂量〕150～200克/亩。

〔施药方式〕每亩对水50～75千克喷雾。

〔用药次数〕1～3次。

〔注意事项〕对鱼有毒，具腐蚀性，能严重危害人的眼睛和皮肤，用药时应注意保护。

182. 霜疫灵可湿性粉剂（含40%乙膦铝）

〔厂家〕国产。

〔毒性〕低毒。

〔作用方式〕保护治疗作用。

〔适用范围〕蔬菜、果树、烟草等。

〔防治对象〕霜霉病、疫病等。

〔使用剂量〕200～250克/亩。

〔施药方式〕每亩对水 50 ~ 75 千克喷雾。

〔用药次数〕1 ~ 3 次。

〔注意事项〕不能与强酸、强碱性农药混用。

183. 40% 克瘟散乳油（又名：稻瘟光）

〔厂家〕德国拜耳公司。

〔毒性〕中毒。

〔作用方式〕保护与治疗作用。

〔适用范围〕水稻。

〔防治对象〕稻瘟病、胡麻叶斑病、水稻纹枯病。

〔使用剂量〕60 ~ 100 毫升/亩。

〔施药方式〕每亩对水 50 ~ 75 千克喷雾。

〔用药次数〕1 ~ 2 次。

〔注意事项〕遵照农药安全使用规程，解毒药为硫酸阿托品。

184. 25% 派克定水剂（又名：双胍辛胺）

〔厂家〕瑞典克佑加德公司。

〔毒性〕中毒。

〔作用方式〕局部渗透性，保护治疗作用。

〔适用范围〕果树、苹果、葡萄、芦笋、麦类、柑橘等。

〔防治对象〕腐烂病、斑点落叶病、花腐病、黑痘病、茎枯病、腥黑穗病、青霉病等。

〔使用剂量〕50 ~ 100 毫升/亩。

〔施药方式〕每亩对水 50 ~ 75 千克喷雾，苹果腐烂病可用 100 倍液涂抹树干，特别是病疮处。

〔用药次数〕1 ~ 6 次。

〔注意事项〕对皮肤和眼睛有刺激作用。

185. 60% 代森锌可湿性粉剂

〔厂家〕国产。

〔毒性〕低毒。

〔作用方式〕保护作用。

〔适用范围〕麦类、蔬菜、黄瓜、番茄、花卉、豆类、马铃薯、药材、经济作物等。

〔防治对象〕锈病、霜霉病、炭疽病、疫病、根腐病等。

〔使用剂量〕100 ~125 克/亩。

〔施药方式〕每亩对水 50 ~75 千克喷雾。

〔用药次数〕1 ~4 次。

〔注意事项〕一般农药操作规则。

186. 70% **代森锰锌可湿性粉剂**

〔厂家〕国产。

〔毒性〕低毒。

〔作用方式〕保护作用。

〔适用范围〕蔬菜、果树、番茄、花卉、辣子、棉花、甜菜、花生、药材、橡胶等。

〔防治对象〕疫病、炭疽病、褐斑病、苗期病害（三七）、叶斑病等。

〔使用剂量〕150 ~250 克/亩。

〔施药方式〕每亩对水 50 ~75 千克喷雾，种子处理按种子量0.5%拌种。

〔用药次数〕1 ~4 次。

〔注意事项〕不能与铜制剂和碱性农药混用。

187. 40% **福星乳油（又名：氟硅唑）**

〔厂家〕美国杜邦公司。

〔毒性〕低毒。

〔作用方式〕保护作用。

〔适用范围〕梨、苹果、烟草等。

〔防治对象〕黑星病、炭疽病、褐斑病等。

〔使用剂量〕8000～10000倍液（有效浓度40～50毫克/升）。

〔施药方式〕发病初期每亩喷药液75千克，隔10天喷1次。

〔用药次数〕4～6次。

〔注意事项〕酥梨类品种在幼果期对此药敏感，应慎用。

188. 2%立克秀干拌剂（又名：戊唑醇）

〔厂家〕德国拜耳公司。

〔毒性〕低毒。

〔作用方式〕保护作用。

〔适用范围〕小麦。

〔防治对象〕散黑穗病、腥黑穗病、白粉病。

〔使用剂量〕100千克种子用药100～150克（有效成分2～3克）。

〔施药方式〕播种前，充分与种子拌均匀。

〔用药次数〕1次。

〔注意事项〕处理过的种子严禁再食用。

189. 15%霉能灵可湿性粉剂（又名：亚胺唑）

〔厂家〕日本北兴化学工业株式会社。

〔毒性〕低毒。

〔作用方式〕保护作用。

〔适用范围〕梨、蔬菜、瓜类等。

〔防治对象〕黑星病、炭疽病、枯萎病等。

〔使用剂量〕3000～5000倍液（有效浓度43～50毫克/升）。

〔施药方式〕发病初期，每亩喷药液75千克，隔7～10天喷1次。

〔用药次数〕5～6次。

〔注意事项〕对鸭梨有轻微药害，安全间隔期21天。

190. 25%**腈菌唑乳油**

〔厂家〕江苏宜兴生物化工厂。

〔毒性〕低毒。

〔作用方式〕内吸、保护作用。

〔适用范围〕小麦、瓜类、橡胶、蔬菜等。

〔防治对象〕白粉病。

〔使用剂量〕120～240毫升/亩。

〔施药方式〕发病初期，每亩对水50千克喷雾，隔15天喷1次。

〔用药次数〕1～2次。

〔注意事项〕贮存时应避开高温、火源及食物。

191. 20%**净种灵可湿性粉剂（又名：稻瘟醋）**

〔厂家〕日本北兴化学工业株式会社。

〔毒性〕低毒。

〔作用方式〕内吸、保护作用。

〔适用范围〕水稻。

〔防治对象〕恶苗病。

〔使用剂量〕200～400倍液（有效浓度500～1000毫克/升）。

〔施药方式〕浸种24小时，换清水浸4天。

〔用药次数〕1次。

〔注意事项〕严防儿童接触。

192. 25%**施保克乳油（又名：咪鲜胺）**

〔厂家〕德国艾格福公司。

〔毒性〕低毒。

〔作用方式〕保护作用，具一定传导性。

〔适用范围〕水稻、芒果、瓜类、苹果、梨、桃、柑橘等。

〔防治对象〕恶苗病、炭疽病、立枯病、青绿霉病等。

〔使用剂量〕防病：2000～3000倍液（有效浓度83.3～125毫克/升）；保鲜：500～1000倍液（有效浓度500～1000毫克/升）。

〔施药方式〕防病：浸种1～4天，催芽播种；保鲜：浸1～3分钟，捞起晾干。

〔用药次数〕1次。

〔注意事项〕对鱼有毒。

193.　50%施保功可湿性粉剂（又名：咪鲜安锰络合物）

〔厂家〕德国艾格福公司。

〔毒性〕低毒。

〔作用方式〕保护作用，具一定传导性。

〔适用范围〕食用菌、芒果、柑橘、香蕉、苹果、梨、瓜类、桃等。

〔防治对象〕褐腐病、炭疽病、蒂腐病、青霉病、绿霉病。

〔使用剂量〕防病：1000～2000倍液（有效浓度250～500毫克/千克）；保鲜：500～1000倍液（有效浓度500～1000毫克/升）。

〔施药方式〕防病：发病初期，每亩喷药液75千克；保鲜：浸1～3分钟，捞起晾干。

〔用药次数〕1～2次。

〔注意事项〕安全间隔期10天。

194.　77%可杀得可湿性粉剂（又名：氢氧化铜）

〔厂家〕美国固信公司。

〔毒性〕低毒。

〔作用方式〕保护作用。

〔适用范围〕柑橘、番茄、辣椒、黄瓜等。

〔防治对象〕溃疡病、早疫病、角斑病等。

〔使用剂量〕130～200克/亩。

〔施药方式〕发病初期每亩对水 75 千克喷雾，隔 10 天喷 1 次。

〔用药次数〕2～3 次。

〔注意事项〕对铜敏感作物，高温时慎用。

195. 56%靠山水分散粒剂（又名：氧化亚铜）

〔厂家〕瑞士山德士农药公司。

〔毒性〕低毒。

〔作用方式〕保护作用。

〔适用范围〕番茄、黄瓜、辣椒、水果等。

〔防治对象〕早疫病、霜霉病、角斑病等。

〔使用剂量〕105～285 毫升/亩。

〔施药方式〕发病初期，每亩对水 75 千克喷雾，每隔 10 天喷一次。

〔用药次数〕2～3 次。

〔注意事项〕解毒药为 1%亚铁氧化钾，严重中毒可用二巯基丙醇。

196. 30%碱式硫酸铜悬浮剂

〔厂家〕河北省保定农药厂。

〔毒性〕低毒。

〔作用方式〕保护作用。

〔适用范围〕梨。

〔防治对象〕黑星病。

〔使用剂量〕350～500 倍液（有效浓度 700～1000 毫克/升）。

〔施药方式〕发病初期，每亩喷药液 75 千克，隔 10 天喷一次。

〔用药次数〕5～6 次。

〔注意事项〕长期贮存会出现分层，不影响药效；不可与石硫合剂或遇铜分解的农药混用。

197. 30%王铜悬浮剂（又名：碱式氯化铜）

〔厂家〕广东农科院植保所。

〔毒性〕低毒。

〔作用方式〕保护作用，喷到作物上后黏在其表面形成保护膜。

〔适用范围〕柑橘、蔬菜、烟草等。

〔防治对象〕溃疡病、炭疽病等。

〔使用剂量〕600～800 倍液（有效浓度 375～500 毫克/升）。

〔施药方式〕发病初期，每亩喷药液 75 千克，隔 7～15 天喷 1 次。

〔用药次数〕2～3 次。

〔注意事项〕不可任意提高浓度，喷药要均匀。

198. 23%络氨铜水剂（又名：消病灵）

〔厂家〕山西省永合化工有限公司。

〔毒性〕低毒。

〔作用方式〕保护作用。

〔适用范围〕西瓜、柑橘、水稻、烟草等。

〔防治对象〕枯萎病、溃疡病、纹枯病、赤星病等。

〔使用剂量〕135～215 毫升/亩。

〔施药方式〕发病初期，每亩对水 50～75 千克喷雾，隔 10 天再喷 1 次。

〔用药次数〕2～3 次。

〔注意事项〕不可与酸性农药混用，采收前 15 天停止施药。

199. 2%加收米液剂（又名：春日霉素）

〔厂家〕日本北兴化学工业株式会社（吉林延边农药厂）。

〔毒性〕低毒。

〔作用方式〕内吸移动，保护治疗作用。

〔适用范围〕水稻、黄瓜、番茄、药材、辣椒等。

〔防治对象〕稻瘟病、叶霉病、细菌性病害、炭疽病等。

〔使用剂量〕80～100 毫升/亩。

〔施药方式〕每亩对水 50 千克左右喷雾。

〔用药次数〕1～4 次。

〔注意事项〕对杉树幼苗、大豆、藕有药害，水稻安全间隔期 14 天。

200.　5% 井冈霉素可湿性粉剂

〔厂家〕国产。

〔毒性〕低毒。

〔作用方式〕保护作用。

〔适用范围〕水稻。

〔防治对象〕纹枯病、稻曲病。

〔使用剂量〕100～150 克/亩。

〔施药方式〕每亩对水 50～75 千克喷雾。

〔用药次数〕1～3 次。

〔注意事项〕一般农药操作规则。

201.　农用链霉素粉剂

〔厂家〕国产。

〔毒性〕低毒。

〔作用方式〕保护作用。

〔适用范围〕水稻、烟草、白菜、柑橘、果树等。

〔防治对象〕白叶枯病、细菌性条斑病、烟草野火病、角斑病、白菜软腐病、溃疡病等。

〔使用剂量〕10～20 克/亩。

〔施药方式〕每亩对水 50～75 千克喷雾。

〔用药次数〕1～3 次。

〔注意事项〕不能与碱性农药混用。

202. 10%宝丽安可湿性粉剂（又名：多抗霉素）

〔厂家〕日本科研制药株式会社。

〔毒性〕低毒。

〔作用方式〕内吸传导、保护治疗作用。

〔适用范围〕小麦、烟草、瓜类、人参、三七、水稻、苹果、草莓、葡萄、梨等。

〔防治对象〕白粉病、赤星病、霜霉病、枯萎病、黑斑病、纹枯病、斑点落叶病。

〔使用剂量〕100～150克/亩。

〔施药方式〕发病初期，每亩对水50千克喷雾，每次间隔7天。

〔用药次数〕2～4次。

〔注意事项〕不能与酸性或碱性农药混用。

203. 10%混合脂肪酸水乳剂（又名：83增抗剂）

〔厂家〕中国农业大学试验厂。

〔毒性〕低毒。

〔作用方式〕保护作用。

〔适用范围〕烟草。

〔防治对象〕花叶病。

〔使用剂量〕600～1000毫升/亩。

〔施药方式〕苗床期，移栽期，移栽前2～3天，移栽后15天，每亩对水50千克喷雾。

〔用药次数〕3～4次。

〔注意事项〕低温会凝固，使用时连包装放入温水中融化。

204. 27%高脂膜乳油（又名：棕榈醇）

〔厂家〕北京顺义兴源高脂膜厂。

〔毒性〕低毒。

〔作用方式〕保护作用。

〔适用范围〕黄瓜、小麦、烟草、果树等。

〔防治对象〕霜霉病、白粉病、炭疽病、褐斑病等。

〔使用剂量〕500~1000 毫升/亩。

〔施药方式〕发病初期，每亩对水 70 千克喷雾，隔 10 天喷一次。

〔用药次数〕3~4 次。

〔注意事项〕对眼有刺激。低温出现凝结。

205. 10%克线磷颗粒剂（又名：利满库）

〔厂家〕德国拜耳公司。

〔毒性〕高毒。

〔作用方式〕具内吸双向传导，胃毒为主。

〔适用范围〕苹果、柑橘、蔬菜、烟草、果树等。

〔防治对象〕防治各种作物的各种线虫、蚜虫、蓟马、叶蝉等。

〔使用剂量〕2000~5000 克/亩。

〔施药方式〕药剂施在根部附近的土壤中，可沟施、穴施、撒施。

〔用药次数〕1 次。

〔注意事项〕药后 4~6 周不可饮用施药区田水。

206. 80%二氯异丙醚乳油（Ncmamort）

〔厂家〕瑞士山德士公司。

〔毒性〕低毒。

〔作用方式〕熏蒸作用杀线虫剂。

〔适用范围〕柑橘、烟草、桑、茶、棉花、薯类、蔬菜、黄瓜、茄子等。

〔防治对象〕根结、短体、半穿刺、胞裹、剑、毛刺等属线虫。

〔使用剂量〕5000~7500 毫升/亩。

〔施药方式〕播前播后或苗期处理土壤。沟施或穴施，施药后覆土。

〔用药次数〕1次。

〔注意事项〕严防吸入本剂气雾，土壤温度低于10℃时，不宜用药。

207. 20%**益收宝颗粒剂（又名：丙线磷）**

〔厂家〕法国罗纳普朗克公司。

〔毒性〕高毒。

〔作用方式〕触杀作用。

〔适用范围〕花生、菠萝、香蕉、烟草、蔬菜、花卉等。

〔防治对象〕根结、短体、刺、矮化、穿孔、茎、螺旋、轮、毛刺等线虫，地下害虫。

〔使用剂量〕1500～2000克/亩。

〔施药方式〕播种前后或生长期拌少量细砂土沟施或穴施，然后覆土。

〔用药次数〕1次。

〔注意事项〕不宜与种子直接接触，否则易发生药害。

208. 98%～100%**必速灭微粒剂（又名：棉隆）**

〔厂家〕德国巴斯夫公司。

〔毒性〕低毒。

〔作用方式〕熏蒸性杀线虫剂，并兼治土壤真菌、地下害虫。

〔适用范围〕蔬菜、花生、草莓、烟草、茶、果树、药材、豆类、林木等。

〔防治对象〕短体、肾形、矮化、针剑、根结、茎等线虫，地下害虫。

〔使用剂量〕5000～6000克/亩。

〔施药方式〕播种前拌少量细砂土沟施或穴施，隔10天后播种。

〔用药次数〕1次。

〔注意事项〕对鱼有毒。

209.　64%杀毒矾可湿性粉剂

〔厂家〕瑞士山德士化工有限公司。

〔毒性〕低毒。

〔作用方式〕保护治疗作用。

〔适用范围〕蔬菜、烟草、瓜类、药材、果树等。

〔防治对象〕黑胫病、猝倒病、疫病、褐斑病等。

〔使用剂量〕100~150克/亩。

〔施药方式〕每亩对水50~75千克喷雾。

〔用药次数〕2~3次。

〔注意事项〕一般农药操作规程；不要与碱性农药混用。

210.　50%加瑞农可湿性粉剂

〔厂家〕日本北兴化学工业株式会社。

〔毒性〕低毒。

〔作用方式〕保护与治疗作用。

〔适用范围〕柑橘、黄瓜、番茄、甜菜、西瓜等。

〔防治对象〕溃疡病、细菌性病害、疫病、褐斑病、白粉病、斑点病等。

〔使用剂量〕75~100克/亩。

〔施药方式〕每亩对水50千克左右喷雾。

〔用药次数〕1~4次。

〔注意事项〕不能与碱性农药混用，对家蚕有毒。

211.　58%瑞毒霉锰锌可湿性粉剂（又名：雷多米尔锰锌）

〔厂家〕瑞士－汽巴嘉基有限公司。

〔毒性〕低毒。

〔作用方式〕内吸、保护、治疗作用。

〔适用范围〕黄瓜、白菜、果树、橡胶、莴苣、番茄、烟草、花卉、药材等。

〔防治对象〕霜霉病、疫病、黑胫病、褐斑病等。

〔使用剂量〕66～167 克/亩。

〔施药方式〕每亩对水 50～60 千克喷雾，每次间隔 10～15 天。

〔用药次数〕1～3 次。

〔注意事项〕一般农药操作规则。

212. DT 悬浮剂（又名：二元酸铜）

〔厂家〕齐齐哈尔市化工研究所。

〔毒性〕低毒。

〔作用方式〕保护作用。

〔适用范围〕黄瓜、茄子、瓜、番茄等。

〔防治对象〕细菌性角斑病、黄萎病等。

〔使用剂量〕100～135 毫升/亩。

〔施药方式〕发病初期，每亩对水 75 千克喷雾，隔 7～10 天喷一次。

〔用药次数〕3～4 次。

〔注意事项〕安全间隔期 5～7 天，使用浓度不得低于 400 倍，否则易产生药害。

213. 50% 退菌特可湿性粉剂（又名：三福美）

〔有效成分组成〕（25% 福美双 + 12.5% 福美锌 + 12.5% 福美甲胂）。

〔厂家〕河北师大农药厂。

〔毒性〕中毒。

〔作用方式〕保护作用。

〔适用范围〕水稻、白菜、烟草、苗木、药材、果树等。

〔防治对象〕纹枯病、白斑病、赤星病、叶枯病、炭疽病等。

〔使用剂量〕75～100 克/亩。

〔施药方式〕发病初期，每亩对水 60 千克喷雾。隔 10 天一次。

〔用药次数〕2～3 次。

〔注意事项〕不能与铜制剂混用，水稻收获前 30 天禁用。

214. 10%双效灵水剂

〔有效成分组成〕（17 种氨基酸铜组成）。

〔厂家〕武汉化学助剂总厂。

〔毒性〕低毒。

〔作用方式〕保护作用。

〔适用范围〕瓜类、蔬菜、番茄等。

〔防治对象〕枯萎病、晚疫病、炭疽病等。

〔使用剂量〕200～500 毫升/亩。

〔施药方式〕发病初期，每亩对水 75 千克喷雾，隔 10 天喷一次。

〔用药次数〕3～4 次。

〔注意事项〕不能与酸性或碱性农药混用，对铜离子敏感的作物要注意使用浓度。

215. 40%多硫悬浮剂

〔有效成分组成〕（20%多菌灵 +20%硫磺）。

〔厂家〕广州市珠江电化厂。

〔毒性〕低毒。

〔作用方式〕治疗、保护作用。

〔适用范围〕水稻、小麦、花生、黄瓜、药材、番茄等。

〔防治对象〕稻瘟病、赤霉病、叶斑病、灰霉病、炭疽病等。

〔使用剂量〕120～150 毫升/亩。

〔施药方式〕发病初期，每亩对水 50～75 千克喷雾，隔 7～

10天喷一次。

〔用药次数〕2~4次。

〔注意事项〕一般农药操作规则。

216. 40%拌种双可湿性粉剂

〔有效成分组成〕(20%福美双 +20%拌种灵)。

〔厂家〕江苏南通农药厂。

〔毒性〕低毒。

〔作用方式〕治疗、保护作用。

〔适用范围〕小麦、高粱、棉花、红麻等。

〔防治对象〕黑穗病、苗期病害、炭疽病等。

〔使用剂量〕小麦、高粱100千克种子用药100~200克；棉花100千克种子用药500克。

〔施药方式〕播种前与种子拌均匀。

〔用药次数〕1次。

〔注意事项〕冬麦区小麦拌种药量超过150克，易产生药害。

217. 50%加瑞农可湿性粉剂

〔有效成分组成〕(5%春雷霉素 +45%王铜)。

〔厂家〕日本北兴化学工业株式会社。

〔毒性〕低毒。

〔作用方式〕保护作用。

〔适用范围〕柑橘、辣椒、白菜、番茄等。

〔防治对象〕溃疡病、角斑病、软腐病、疫病等。

〔使用剂量〕75~100克/亩。

〔施药方式〕发病前，每亩对水50~75千克喷雾，隔10天喷一次。

〔用药次数〕1次。

〔注意事项〕对苹果、葡萄、大豆、芋等作物的嫩叶敏感。

218. 75%**卫福可湿性粉剂（又名：萎福双）**

〔有效成分组成〕(37.5%萎锈灵+37.5%福美双)。

〔厂家〕美国有利来路化学公司。

〔毒性〕低毒。

〔作用方式〕内吸性种子处理剂。

〔适用范围〕麦类、玉米、洋葱、油菜、水稻等。

〔防治对象〕黑穗病、小斑病、黑粉病、立枯病、叶斑病等。

〔使用剂量〕100 千克种子用药 250~280 克。

〔施药方式〕播种前均匀拌种。

〔用药次数〕1 次。

〔注意事项〕播种后 6 周内不要在施药区放牲口。

219. 80%**赛得福可湿性粉剂（又名：恶霜菌丹）**

〔有效成分组成〕(20%恶霜灵+60%灭菌丹)。

〔厂家〕瑞士山德士化工有限公司。

〔毒性〕低毒。

〔作用方式〕治疗、保护作用。

〔适用范围〕柑橘、马铃薯、葡萄、谷子等。

〔防治对象〕脚腐病、黑胫病、霜霉病、白发病等。

〔使用剂量〕135~160 克/亩。

〔施药方式〕发病初期，每亩对水 50 千克喷雾；拌种 100 千克用药 160~200 克。

〔用药次数〕1~2 次。

〔注意事项〕不能与碱性农药混用。

220. 72%**克露可湿性粉剂**

〔有效成分组成〕(8%霜脲氰+64%代森锰锌)。

〔厂家〕美国杜邦公司。

〔毒性〕低毒。

〔作用方式〕治疗、保护作用。

〔适用范围〕黄瓜、葡萄、番茄、辣椒、药材、蔬菜等。

〔防治对象〕霜霉病、疫病等。

〔使用剂量〕130～170 克/亩。

〔施药方式〕发病初期，每亩对水 75 千克喷雾，以后每隔 7 天喷次。

〔用药次数〕3～4 次。

〔注意事项〕一般农药操作规则。

221. 69% 安克锰锌可湿性粉剂（又名：烯酰吗啉）

〔有效成分组成〕（烯酰吗啉＋代森锰锌）。

〔厂家〕美国氰胺公司。

〔毒性〕低毒。

〔作用方式〕治疗、保护作用。

〔适用范围〕黄瓜、西瓜、花卉、烟草、蔬菜等。

〔防治对象〕霜霉病。

〔使用剂量〕100～130 克/亩。

〔施药方式〕发病初期，每亩对水 75 千克喷雾，以后隔 7～10 天喷一次。

〔用药次数〕3～4 次。

〔注意事项〕一般农药操作规则。

222. 20% 盐酸吗啉胍铜可湿性粉剂

〔有效成分组成〕（10% 盐酸吗啉胍＋10% 醋酸铜）。

〔厂家〕齐齐哈尔市北方化工研究所。

〔毒性〕低毒。

〔作用方式〕保护作用。

〔适用范围〕番茄、黄瓜、烟草、辣椒等。

〔防治对象〕病毒病。

〔使用剂量〕160～250 克/亩。

〔施药方式〕发病初期，每亩对水 50 ~ 75 千克喷雾，以后隔 7 天喷一次。

〔用药次数〕3 ~ 4 次。

〔注意事项〕不可与碱性农药混用，使用浓度不低于 300 倍。

223.　40% 三唑酮多菌灵可湿性粉剂

〔有效成分组成〕（35% 多菌灵 +5% 三唑酮）。

〔厂家〕江苏东台市农用药剂厂。

〔毒性〕低毒。

〔作用方式〕治疗、保护作用。

〔适用范围〕水稻、小麦、瓜、果树、橡胶、花卉等。

〔防治对象〕叶尖枯病、赤霉病、白粉病等。

〔使用剂量〕75 ~ 100 克/亩。

〔施药方式〕发病初期，每亩对水 75 千克喷雾，以后隔 10 ~ 15 天喷一次。

〔用药次数〕3 ~ 4 次。

〔注意事项〕易吸潮，应保存在阴凉、干燥、通风的地方。

224.　20% 三环唑井悬浮剂

〔有效成分组成〕（15% 三环唑 +5% 井冈霉素）。

〔厂家〕吉林延边农药厂。

〔毒性〕低毒。

〔作用方式〕治疗、保护作用。

〔适用范围〕水稻。

〔防治对象〕叶瘟、穗颈瘟、纹枯病。

〔使用剂量〕100 ~ 150 毫升/亩。

〔施药方式〕发病初期，每亩对水 60 ~ 75 千克喷雾，视病情 7 ~ 10 天后再喷一次。

〔用药次数〕2 ~ 3 次。

〔注意事项〕使用前将药充分摇匀。

225. 65% **多克菌可湿性粉剂**

〔有效成分组成〕(60%克菌丹+5%多抗霉素)。

〔厂家〕日本科研制药株式会社。

〔毒性〕低毒。

〔作用方式〕保护作用。

〔适用范围〕苹果、梨、桃、三七等。

〔防治对象〕斑点落叶病、叶斑病等。

〔使用剂量〕50~75克/亩。

〔施药方式〕发病初期，每亩对水50~75千克喷雾，隔7~10天喷一次。

〔用药次数〕3~4次。

〔注意事项〕不可与碱性农药混用，避免儿童接触。

226. 28% **多井悬浮剂**

〔有效成分组成〕(24%多菌灵+4%井冈霉素)。

〔厂家〕江苏太仓县农药厂。

〔毒性〕低毒。

〔作用方式〕治疗、保护作用。

〔适用范围〕水稻、小麦等。

〔防治对象〕纹枯病、稻曲病、赤霉病等。

〔使用剂量〕90~125毫升/亩。

〔施药方式〕发病初期，每亩对水50~75千克喷雾。每隔7~10天喷一次。

〔用药次数〕2~3次。

〔注意事项〕不可与碱性农药混用。

227. 40% **多丰农可湿性粉剂**

〔有效成分组成〕(20%多菌灵+10%溴菌清+10%福美双)。

〔厂家〕江苏盐城市电化厂。

〔毒性〕低毒。

〔作用方式〕治疗、保护作用。

〔适用范围〕黄瓜、花卉、果树等。

〔防治对象〕炭疽病、叶斑病等。

〔使用剂量〕100～125 克/亩。

〔施药方式〕发病初期，每亩对水 50～70 千克喷雾。隔 10～15 天喷一次。

〔用药次数〕2～3 次。

〔注意事项〕使用前先用少量水调匀，然后稀释至规定浓度。

228. 50%甲基托布津硫磺悬浮剂

〔有效成分组成〕(20%甲基托布津+30%硫磺)。

〔厂家〕江苏新沂农药厂。

〔毒性〕低毒。

〔作用方式〕治疗、保护作用。

〔适用范围〕小麦、黄瓜、花卉、蔬菜、烟草、苹果等。

〔防治对象〕白粉病、炭疽病、轮纹病等。

〔使用剂量〕75～300 毫升/亩。

〔施药方式〕发病初期，每亩对水 60～75 千克喷雾，隔 10～15 天喷一次。

〔用药次数〕3～4 次。

〔注意事项〕不可与含铜、汞的药剂混用。久贮分层，使用前应充分摇匀。

229. 70%乙膦铝锰锌可湿性粉剂

〔有效成分组成〕(45%乙膦铝+25%代森锰锌)。

〔厂家〕四川双流县农药厂。

〔毒性〕低毒。

〔作用方式〕治疗、保护作用。

〔适用范围〕黄瓜、白菜、葡萄、花卉等。

〔防治对象〕霜霉病、白斑病等。

〔使用剂量〕130～400 克/亩。

〔施药方式〕发病初期，每亩对水 50～75 千克喷雾，隔 7～10 天喷一次。

〔用药次数〕3～4 次。

〔注意事项〕不要与含铜农药及碱性农药混用。

230. 65% 增效多菌敌可湿性粉剂

〔有效成分组成〕（27% 乙膦铝 +20% 二羧酸铜 +18% 敌克松）。

〔厂家〕四川郫县生物化工厂。

〔毒性〕低毒。

〔作用方式〕治疗、保护作用。

〔适用范围〕黄瓜、西瓜、冬瓜、葡萄等。

〔防治对象〕霜霉病、枯萎病等。

〔使用剂量〕125～190 克/亩。

〔施药方式〕定植后，每亩对水 75 千克喷雾，隔 7～10 天喷一次。

〔用药次数〕3～4 次。

〔注意事项〕温室温度高时慎用，配药时不能用铁器具。

231. 50% 瑞毒铜可湿性粉剂

〔有效成分组成〕（甲霜灵 + 二元酸铜）。

〔厂家〕成都华西农药厂。

〔毒性〕低毒。

〔作用方式〕治疗、保护作用。

〔适用范围〕黄瓜、莴笋、番茄、辣椒等。

〔防治对象〕霜霉病、细菌性角斑病、疫病等。

〔使用剂量〕120～200 克/亩。

〔施药方式〕发病初期，每亩对水 60～75 千克喷雾，隔 5～7 天喷一次。

〔用药次数〕3～4 次。

〔注意事项〕瓜类敏感，浓度限于 500 倍。

232. 50% 甲霜铝铜可湿性粉剂

〔有效成分组成〕(2% 甲霜灵 + 30% 三乙膦酸铝 + 18% 三元酸铜)。

〔厂家〕四川郫县生物化工厂。

〔毒性〕低毒。

〔作用方式〕治疗、保护作用。

〔适用范围〕黄瓜、西瓜、葡萄、花卉、烟草等。

〔防治对象〕霜霉病。

〔使用剂量〕150～200 克/亩。

〔施药方式〕发病初期，每亩对水 60～75 千克喷雾，隔 7～10 天喷一次。

〔用药次数〕3～4 次。

〔注意事项〕不可与强酸、强碱性农药混用。稀释倍数不得低于 400 倍。

233. 30% TY 杀菌剂（又名：柠檬醛烯）

〔有效成分组成〕(柠檬醛 + 柠檬烯 + 蒎烯)。

〔厂家〕广东广铁南海正凡生物公司。

〔毒性〕低毒。

〔作用方式〕保护作用。

〔适用范围〕棉花。

〔防治对象〕枯萎病、黄萎病。

〔使用剂量〕100 千克种子用药 500～800 克（有效成分 150～240 克）。

〔施药方式〕用适量水将棉籽浸湿，与药剂拌均匀，闷种 4 小时。

〔用药次数〕1 次。

〔注意事项〕不可与碱性农药混用。

234. 30% **腐烂敌可湿性粉剂**

〔有效成分组成〕(20% 福美胂 +10% 腐植酸)。

〔厂家〕辽宁瓦房店市无机化工厂。

〔毒性〕低毒。

〔作用方式〕治疗、保护作用。

〔适用范围〕果树、绿化树木等。

〔防治对象〕腐烂病。

〔使用剂量〕20 ~ 40 倍液（每升含有效成分 7500 ~ 15000 毫克)。

〔施药方式〕用刀将病疤刮掉，然后用药液涂病斑。

〔用药次数〕1 ~ 2 次。

〔注意事项〕不能与碱性农药、含铜农药混用。

235. 2.12% 843 **康复剂（又名：腐植酸铜）**

〔有效成分组成〕(2% 腐植酸 +0.12% 硫酸铜)。

〔厂家〕山西省阳泉市曙光化工厂。

〔毒性〕低毒。

〔作用方式〕保护作用。

〔适用范围〕苹果、柑橘等。

〔防治对象〕腐烂病、脚腐病。

〔使用剂量〕200 ~ 500 克/米^2。

〔施药方式〕先用刀将病疤刮净，然后用药均匀涂于病部。

〔用药次数〕1 ~ 2 次。

〔注意事项〕不可与酸性农药混用。

除草剂

236. 10% **草甘膦水剂**

〔厂家〕广西化工厂。

〔毒性〕低毒。

〔作用方式〕内吸传导、灭生性除草剂。

〔适用范围〕果园、经济林木、仓库、公路等。

〔防治对象〕多年生杂草如白茅、铁线草等。

〔使用剂量〕1000～1500 毫升/亩。

〔施药方式〕杂草旺长期，每亩对水 50～75 千克喷雾。

〔用药次数〕1 次。

〔注意事项〕不要喷在作物上，不能作土壤处理。

237. 48% **百草敌水剂（又名：麦草畏）**

〔厂家〕美国贝尔西可化学公司。

〔毒性〕低毒。

〔作用方式〕内吸选择性茎叶处理剂。

〔适用范围〕小麦、玉米、谷子等禾本科作物。

〔防治对象〕一年生及多年生阔叶杂草如猪殃殃等。

〔使用剂量〕20～30 毫升/亩。

〔施药方式〕在苗 3～5 叶时，每亩对水 30～50 千克喷雾。

〔用药次数〕1 次。

〔注意事项〕大风时不要施药，以防漂移伤害邻近敏感的双叶子作物。

238. 60% **丁草胺乳油**

〔厂家〕国产。

〔毒性〕低毒。

〔作用方式〕内吸选择性。

〔适用范围〕水稻移栽田、旱地。

〔防治对象〕一年生禾本科杂草及一些阔叶杂草。

〔使用剂量〕水田 85 ~ 110 毫升/亩；旱地 200 ~ 300 毫升/亩。

〔施药方式〕水田每亩对水 25 ~ 50 千克喷雾保水 7 天。旱地对水 50 ~ 75 千克喷于土表。

〔用药次数〕1 次。

〔注意事项〕旱地用量应比水田高，每亩药土不少于 120 千克。

239. 72%**都尔乳油**

〔厂家〕瑞士 - 汽巴嘉基公司。

〔毒性〕低毒。

〔作用方式〕内吸选择性。

〔适用范围〕旱地如玉米、花生、大豆等。

〔防治对象〕一年生禾本科杂草及一些双子叶杂草。

〔使用剂量〕100 ~ 200 毫升/亩。

〔施药方式〕每亩对水 30 ~ 40 千克喷于地表。

〔用药次数〕1 次。

〔注意事项〕施药应掌握在播后芽前或播种前。

240. 50%**大惠利可湿性粉剂**

〔厂家〕英国卜内门化学工业有限公司。

〔毒性〕低毒。

〔作用方式〕内吸选择性土壤处理剂。

〔适用范围〕辣椒、烟草、十字花科作物，豆科作物、果树等。

〔防治对象〕种子萌发的一年生禾本科和阔叶杂草，如旱稗、藜等。

〔使用剂量〕100~150毫升/亩。

〔施药方式〕作物移栽前后7天左右每亩对水50~75千克喷雾或拌细砂土30千克撒施于土壤表层。

〔用药次数〕1次。

〔注意事项〕保持土壤有一定湿度，施后将土耙入1~2厘米。

241. 48%拉索乳油（又名：甲草胺）

〔厂家〕美国孟山都公司。

〔毒性〕低毒。

〔作用方式〕选择性、芽前、酰胺类除草剂。

〔适用范围〕玉米、棉花、花生、油菜。

〔防治对象〕一年生禾本科和某些阔叶杂草如马唐、旱稗、辣子草等。

〔使用剂量〕273~477毫升/亩。

〔施药方式〕每亩对水50~75千克于播后芽前或播前土表喷雾。

〔用药次数〕1次。

〔注意事项〕土表要求湿润，对眼睛和皮肤有刺激性。

242. 50%乙草胺乳油（又名：禾耐斯）

〔厂家〕吉林农药厂。

〔毒性〕低毒。

〔作用方式〕选择性芽前除草剂，可被植物幼芽吸收。

〔适用范围〕大豆、油菜、甘蔗、玉米、马铃薯、十字花科作物、茄科作物、果树等。

〔防治对象〕一年生禾本科杂草如马唐、旱稗。

〔使用剂量〕150~200毫升/亩。

〔施药方式〕作物播前或播后芽前，每亩对水30~50千克喷于土表。

〔用药次数〕1 次。

〔注意事项〕原药对鼠有致肿瘤作用，对黄瓜、谷子、高粱等作物敏感。

243. 23.5% **果尔乳油**

〔厂家〕美国罗门哈期公司。

〔毒性〕低毒。

〔作用方式〕内吸选择性。

〔适用范围〕水稻移栽田、蔬菜地等。

〔防治对象〕一年生禾本科杂草及一些阔叶草等。

〔使用剂量〕10~20 毫升/亩。

〔施药方式〕每亩对水 25~40 千克洒施保水 7 天。

〔用药次数〕1 次。

〔注意事项〕移栽后 1~3 天内进行，旱地用药量应比水田高 1~1.5 倍。

244. 25% **虎威水溶液（又名：除豆莠）**

〔厂家〕英国卜内门化学有限公司。

〔毒性〕低毒。

〔作用方式〕二苯醚类选择性除草剂（芽后）。

〔适用范围〕大豆、蚕豆等豆类作物。

〔防治对象〕一年生阔叶杂草如辣子草、繁缕等。

〔使用剂量〕60~150 毫升/亩。

〔施药方式〕每亩对水 50~70 千克于杂草 2~4 叶时喷雾。

〔用药次数〕1 次。

〔注意事项〕可与杀单子叶的拿捕净等混用，增加杀草谱。

245. 25% **除草醚可湿性粉剂**

〔厂家〕国产。

〔毒性〕低毒。

〔作用方式〕触杀型，选择性二苯醚类除草剂。

〔适用范围〕稻田、蔬菜、油菜、玉米等。

〔防治对象〕水田：稗草、鸭舌草、牛毛草等。旱地：马唐、旱稗、蓼、苋菜、藜等。

〔使用剂量〕250~750毫升/亩。

〔施药方式〕秧田每亩对水60千克播后芽前喷于土表；移栽稻田每亩拌细土20~40千克撒施，保水3~5天。

〔用药次数〕1次。

〔注意事项〕遇高温或受潮易结块，应在塑料袋中密封保存。旱地用药量应高于水田。

246.　35%稳杀得乳油

〔厂家〕日本石原产业株式会社。

〔毒性〕低毒。

〔作用方式〕内吸选择性茎叶处理剂。

〔适用范围〕大豆、棉花、甜菜、花生、西瓜等阔叶作物。

〔防治对象〕禾本科杂草，如旱稗、马唐、莎草等。

〔使用剂量〕50~100毫升/亩。

〔施药方式〕苗2~4叶期，杂草萌发后，对水30~50千克喷雾。

〔用药次数〕1次。

〔注意事项〕药应喷到杂草茎叶上。

247.　36%伊洛克桑乳油（又名：禾草灵）

〔厂家〕德国赫斯特公司。

〔毒性〕低毒。

〔作用方式〕选择性苗后除草剂。

〔适用范围〕小麦、大麦、甜菜、大豆等。

〔防治对象〕野燕麦等杂草。

〔使用剂量〕133~200毫升/亩。

〔施药方式〕每亩对水30～50千克于杂草2～4叶时喷雾。

〔用药次数〕1次。

〔注意事项〕不能与2.4－D等激素型农药混用。

248.　20%芳米大乳油（又名：酚硫杀）

〔厂家〕日本北兴化学工业株式会社。

〔毒性〕低毒。

〔作用方式〕内吸激素型选择性苗后茎叶处理剂。

〔适用范围〕麦类，高粱、谷子、旱稻等禾谷类作物。

〔防治对象〕播娘蒿、荠菜、繁缕、藜、蓼、香薷等阔叶杂草。

〔使用剂量〕130～200毫升/亩。

〔施药方式〕每亩对水40～60千克在杂草2～4叶时茎叶喷。

〔用药次数〕1次。

〔注意事项〕对双子叶作物有药害。

249.　48%氟乐灵乳油（又名：茄科宁）

〔厂家〕美国礼来公司。

〔毒性〕低毒。

〔作用方式〕内吸选择性芽前处理剂。

〔适用范围〕棉花、豆类、花生等作物。

〔防治对象〕一年生禾本科、阔叶杂草如旱稗、马唐、辣子草等。

〔使用剂量〕68.6～156.2毫升/亩。

〔施药方式〕播种前每亩对水30～50千克喷于土表后混土5～10厘米。

〔用药次数〕1次。

〔注意事项〕要求土壤表面有一定湿度。

250. 90%**益乃得可湿性粉剂（又名：草乃敌）**

〔厂家〕美国农亮化学公司。

〔毒性〕低毒。

〔作用方式〕选择性芽前土壤处理剂。

〔适用范围〕烟草、白菜、大豆、花生、辣椒、番茄等。

〔防治对象〕多种一年生禾本科杂草如马唐、旱稗等。

〔使用剂量〕300～500克/亩。

〔施药方式〕每亩对水50～75千克播种前或播种后，杂草萌芽前喷雾。

〔用药次数〕1次。

〔注意事项〕要求土壤有一定湿度。

251. 50%**杀草丹乳油（又名：稻草完）**

〔厂家〕日本组合化学工业株式会社。

〔毒性〕低毒。

〔作用方式〕硫赶氨基甲酸酯类选择性除草剂。

〔适用范围〕稻田、蔬菜等旱地。

〔防治对象〕一年生禾本科草如稗草、千金子、异型莎草，牛毛草、马唐等。

〔使用剂量〕300～500毫升/亩。

〔施药方式〕水田每亩拌细土15～20千克撒施，药后保水3～5厘米5～7天。

〔用药次数〕1次。

〔注意事项〕旱地除草应适当加大用药量，并使土壤保持一定湿度。

252. 70%**草长灭可湿性粉剂（又名：长草胺）**

〔厂家〕法国罗纳普朗克公司。

〔毒性〕低毒。

〔作用方式〕选择性苗后处理剂。

〔适用范围〕油菜、苜蓿、向日葵、十字花科作物等。

〔防治对象〕一年生禾本科及一些阔叶杂草，如看麦娘、牛繁缕等。

〔使用剂量〕200～250克/亩。

〔施药方式〕每亩对水50～75千克于杂草2～4叶时茎叶喷雾。

〔用药次数〕1～2次。

〔注意事项〕一般农药使用规则。

253. 16%凯米丰乳油（又名：甜菜宁）

〔厂家〕芬兰克米拉公司。

〔毒性〕低毒。

〔作用方式〕选择性苗后茎叶处理剂。

〔适用范围〕甜菜、草莓、菠菜等。

〔防治对象〕多种阔叶杂草如藜、繁缕、荞麦蔓、鼠瓣花等。

〔使用剂量〕330～400毫升/亩。

〔施药方式〕每亩对水50～75千克于杂草2～3叶时喷雾。

〔用药次数〕1～2次。

〔注意事项〕可与其他防除单子叶的除草剂（如拿捕净等）混用，扩大杀草谱。

254. 0.7%戴科马铃薯抑芽粉剂（又名：氯苯胺灵）

〔厂家〕北美埃尔夫阿托品公司。

〔毒性〕低毒。

〔作用方式〕抑制马铃薯贮存时发芽（芽眼、表皮吸收）。选择性苗前芽位早期除草剂。

〔适用范围〕马铃薯、小麦、玉米、大豆、水稻、洋葱、辣椒等。

〔防治对象〕抑制发芽。一年生禾科杂草和部分阔叶草如稗草、苋、繁缕等。

〔使用剂量〕马铃薯贮存：收获后 14 天，每 1000 千克马铃薯用药 1.4 ~2.1 千克拌一部分细沙混均。

〔施药方式〕除草：作物播后苗前，每亩用药 10 ~85 千克施在土表。

〔用药次数〕1 次。

〔注意事项〕严禁使用在种薯上。处理过的马铃薯不能用作种薯。

255. 80%棉草伏可湿性粉剂（又名：伏草隆）

〔厂家〕瑞士－汽巴嘉基有限公司。

〔毒性〕低毒。

〔作用方式〕广谱芽前除草剂。

〔适用范围〕棉花。

〔防治对象〕一年生禾本科和阔叶杂草如马唐、千金子、繁缕、铁苋菜等。

〔使用剂量〕100 ~120 克/亩。

〔施药方式〕播种后 3 ~5 天，棉苗出土前，每亩对水 50 ~75 千克喷于土表。

〔用药次数〕1 次。

〔注意事项〕土表要求湿润，喷药要均匀，对大豆、甜菜、甘蓝、花生、茄子等敏感。

256. 50%绿麦隆可湿性粉剂

〔厂家〕国产。

〔毒性〕低毒。

〔作用方式〕内吸选择性土壤处理剂。

〔适用范围〕麦田、玉米、高粱等。

〔防治对象〕野燕麦、看麦娘、繁缕、早熟禾、马唐、稗草等一年生单双子叶杂草等。

〔使用剂量〕100~250 克/亩。

〔施药方式〕每亩对水 50~75 千克，播后芽前喷于土表。

〔用药次数〕1 次。

〔注意事项〕土表要求湿润，一般农药操作规则。

257. 75%异丙隆可湿性粉剂

〔厂家〕江苏吴县农药厂。

〔毒性〕低毒。

〔作用方式〕选择性芽前、芽后除草剂，主要由杂草根吸收。

〔适用范围〕冬小麦、春小麦、大麦、玉米等。

〔防治对象〕一年生禾本科杂草及一些双子叶杂草，如看麦娘、早熟禾、牛繁缕等。

〔使用剂量〕80~100 克/亩。

〔施药方式〕冬小麦齐苗至 3 叶期，每亩对水 50~60 千克，茎叶喷雾。春小麦用量加倍。

〔用药次数〕1 次。

〔注意事项〕安全间隔期 109 天。播后芽前药剂不宜施于播种层。

258. 10%甲嘧磺隆可溶性粉剂（又名：嘧磺隆）

〔厂家〕西安近代化学研究所。

〔毒性〕低毒。

〔作用方式〕内吸传导芽前，芽后灭生性除草剂。

〔适用范围〕林地、果园、非耕地、苗圃等。

〔防治对象〕大部分杂草。

〔使用剂量〕250~500 克/亩。

〔施药方式〕芽前：用药量 70~140 克/亩，每亩对水 40 千克喷土表。芽后：用药量 250~500 克/亩，每亩对水 50 千克茎叶喷雾。

〔用药次数〕1 次。

〔注意事项〕不能喷到作物上，农田禁用，禁止与酸性农药混用。

259. 20%**氯嘧磺隆可湿性粉剂**

〔厂家〕江苏溧阳化工厂。

〔毒性〕低毒。

〔作用方式〕选择性，内吸传导型芽前、芽后除草剂。

〔适用范围〕大豆。

〔防治对象〕阔叶杂草如苍耳、藜、鬼针草、蓼等。

〔使用剂量〕3 ~5 克/亩。

〔施药方式〕大豆三叶期，每亩对水 30 千克茎叶喷雾。土壤处理：3 ~7.5 克/亩，每亩对水 40 千克喷于土表。

〔用药次数〕1 次。

〔注意事项〕土壤中持效期长，后茬不宜种水稻、马铃薯、瓜类、蔬菜等。pH≥7 的土壤不宜用。

260. 20%**甲磺隆干悬浮剂（又名：合力）**

〔厂家〕美国杜邦公司。

〔毒性〕低毒。

〔作用方式〕内吸传导选择性除草剂，能被根、茎、叶吸收。

〔适用范围〕小麦、水稻等。

〔防治对象〕一年生双子叶草如：荠菜、苋、藜、酸模、鸭舌草、泽泻等。

〔使用剂量〕小麦田：苗后早期，用 2.5 ~4 毫升/亩；水稻田：移栽 20 天，用 7.5 ~9.8 毫升/亩（有效成分 1.5 ~2.0 克）。

〔施药方式〕小麦：每亩对水 30 千克茎叶喷雾。水稻：每亩拌 30 千克细沙撒施。

〔用药次数〕1 次。

〔注意事项〕土壤中的持效期长，后茬敏感性作物油菜、大豆、花生、十字花科作物田慎用。

261. 25%氯磺隆可湿性粉剂

〔厂家〕沈阳农药厂。

〔毒性〕低毒。

〔作用方式〕内吸传导选择性除草剂，能被根、茎、叶吸收。

〔适用范围〕麦类、亚麻等。

〔防治对象〕一年生单、双子叶杂草如看麦娘、猪殃殃、蓼等。

〔使用剂量〕2～2.5 克/亩。

〔施药方式〕小麦 2～3 叶期，每亩对水 30～50 千克茎叶喷雾。亚麻用药量 4 克/亩。

〔用药次数〕1 次。

〔注意事项〕pH≥7 的土壤禁用，敏感作物：玉米、油菜、水稻、烟草。

262. 25%胺苯磺隆可湿性粉剂

〔厂家〕沈阳北方联合化工厂。

〔毒性〕低毒。

〔作用方式〕内吸传导选择性除草剂，能被根、茎、叶吸收。

〔适用范围〕油菜。

〔防治对象〕看麦娘、碎米荠、繁缕、雀舌草等。

〔使用剂量〕5～8 克/亩。

〔施药方式〕油菜 3～4 叶期，每亩对水 50 千克，茎叶喷雾。

〔用药次数〕1 次。

〔注意事项〕施药要均匀，不能重喷。用过该药的田块，不能作水稻直播田或秧田。

263. 20%醚磺隆水分散剂（又名：莎多伏）

〔厂家〕瑞士诺华公司。

〔毒性〕低毒。

〔作用方式〕选择性除草剂，由植物根、茎吸收、传导至叶片。

〔适用范围〕水稻。

〔防治对象〕一年生阔叶杂草和莎草，如水苋菜、慈姑、牛毛毡、眼子菜等。

〔使用剂量〕6~10克/亩。

〔施药方式〕移栽后4~7天，每亩对水30千克茎叶喷雾，保水3~5天。

〔用药次数〕1次。

〔注意事项〕不宜用于渗漏性大的田块，施药时封闭进出水口。

264. 4%烟嘧磺隆悬浮剂（又名：玉农乐）

〔厂家〕日本石原产业株式会社。

〔毒性〕低毒。

〔作用方式〕内吸传导选择性除草剂，能被根、茎、叶吸收。

〔适用范围〕玉米。

〔防治对象〕马唐、牛筋草、狗尾草、藜、莎草等。

〔使用剂量〕60~100毫升/亩。

〔施药方式〕玉米3~5叶期，杂草出齐后，每亩对水30~50千克茎叶喷雾。

〔用药次数〕1次。

〔注意事项〕可与阿特拉津、2.4-D丁酯混用，甜玉米、爆裂玉米对该药敏感。

265. 75%苯磺隆可湿性粉剂（又名：巨星、阔叶净）

〔厂家〕美国杜邦公司。

〔毒性〕低毒。

〔作用方式〕内吸传导型，芽后选择性除草剂。

〔适用范围〕小麦、大麦、燕麦。

〔防治对象〕繁缕、荠菜、猪殃殃、雀舌草、卷茎蓼等。

〔使用剂量〕1～1.5 克/亩。

〔施药方式〕麦 3～4 叶期，每亩对水 30 千克茎叶喷雾。

〔用药次数〕1 次。

〔注意事项〕防止药液飘到敏感的阔叶作物上。

266. 75%阔叶散可湿性粉剂（Harmony）

〔厂家〕美国杜邦公司。

〔毒性〕低毒。

〔作用方式〕内吸传导型，苗后选择性除草剂。

〔适用范围〕小麦、大麦、燕麦、玉米、高粱等禾谷类作物田。

〔防治对象〕防除多种阔叶杂草如反枝苋、猪殃殃、蓼、藜、繁缕、荠菜等。

〔使用剂量〕1.7～2.7 克/亩。

〔施药方式〕每亩对水 50～75 千克在杂草 2～4 叶期喷雾。

〔用药次数〕1 次。

〔注意事项〕药量要准确，防止药剂漂到敏感的阔叶作物上。

267. 50%扑草净可湿性粉剂

〔厂家〕国产。

〔毒性〕低毒。

〔作用方式〕内吸选择土壤处理剂。

〔适用范围〕稻田、棉花、麦田、甘蔗、茶园、果园等。

〔防治对象〕一年生禾本科和一些阔叶草如：稗草、鸭舌草、眼子菜、马唐、看麦娘、早熟禾等。

〔使用剂量〕稻田：20～75 克/亩；旱地：100～300 克/亩。

〔施药方式〕稻田移栽 3 天用低量防稗草，移栽 30～45 天用高量防眼子菜。旱地每亩对水 75 千克喷雾。

〔用药次数〕1～2 次。

〔注意事项〕每亩拌细沙土 20 千克撒施，保水 3～5 厘米 7 天，旱地播后芽前施药。

268. 80%**阿灭净可湿性粉剂（又名：莠灭净）**

〔厂家〕以色列阿甘化学公司。

〔毒性〕低毒。

〔作用方式〕内吸传导型选择性除草剂。

〔适用范围〕甘蔗。

〔防治对象〕马唐、稗草、藜、荠菜等。

〔使用剂量〕130～200 克/亩。

〔施药方式〕杂草 2～3 叶期，每亩对水 50 千克茎叶喷雾。

〔用药次数〕1 次。

〔注意事项〕有机质含量低的砂质土不宜使用。

269. 20%**氟草净乳油**

〔厂家〕江阴市农药二厂。

〔毒性〕低毒。

〔作用方式〕内吸传导型选择性除草剂，能被根、茎、叶吸收。

〔适用范围〕玉米、小麦、大豆、棉花等。

〔防治对象〕马唐、稗草、牛筋草、反枝苋等。

〔使用剂量〕500～650 毫升 /亩。

〔施药方式〕播后芽前，每亩对水 50 千克喷于土壤。

〔用药次数〕1 次。

〔注意事项〕施药前应使土壤保持一定湿度。

270. 10% **农得时可湿性粉剂（又名：苄嘧黄隆）**

〔厂家〕美国杜邦公司。

〔毒性〕低毒。

〔作用方式〕内吸选择性。

〔适用范围〕水稻。

〔防治对象〕一年生及多年生阔叶杂草、莎草科杂草，对稗草有抑制作用。如鸭舌草、眼子菜等。

〔使用剂量〕13.3～26.6克/亩。

〔施药方式〕播种或移栽前后3周内，拌20～30千克细土撒施或每亩对水40～50千克喷雾。

〔用药次数〕1次。

〔注意事项〕药后保持3～10厘米水7天。

271. 10% **禾草克乳油**（NC－302）

〔厂家〕日本日产化学工业株式会社。

〔毒性〕低毒。

〔作用方式〕内吸选择性茎叶处理剂。

〔适用范围〕豆类、甜菜、棉花等阔叶作物。

〔防治对象〕禾本科杂草如马唐、旱稗、铁线草等。

〔使用剂量〕一年生42～100毫升/亩，多年生166～250毫升/亩。

〔施药方式〕杂草3～5叶期，每亩对水30～50千克茎叶喷雾。

〔用药次数〕1次。

〔注意事项〕单叶子作物上不要使用，一般农药操作规则。

272. 60% **野燕枯可湿性粉剂（又名：双苯唑呋）**

〔厂家〕美国氰胺公司。

〔毒性〕低毒。

〔作用方式〕内吸选择性茎叶处理剂。

〔适用范围〕麦类田。

〔防治对象〕野燕麦。

〔使用剂量〕80～104克/亩。

〔施药方式〕野燕麦在三叶至拔节时，每亩对水40～60千克喷雾。

〔用药次数〕1次。

〔注意事项〕一般农药操作规则。

273.　48%排草丹液剂（又名：苯达松）

〔厂家〕德国巴斯大公司。

〔毒性〕低毒。

〔作用方式〕触杀型和轻微内吸选择性。

〔适用范围〕水稻、玉米、陆稻、大豆等作物。

〔防治对象〕阔叶草和莎草如泽泻、鸭舌草等。

〔使用剂量〕130～200毫升/亩。

〔施药方式〕杂草2～3叶时，每亩对水30～50千克喷雾。

〔用药次数〕1次。

〔注意事项〕喷药时要均匀，可与其他除草剂如2.4－D等混用。

274.　20%克芜综水溶液（又名：百草枯）

〔厂家〕英国卜内门化学有限公司。

〔毒性〕低毒。

〔作用方式〕触杀型灭生性除草剂。

〔适用范围〕果园、苗圃、经济园林等。

〔防治对象〕一年生及多年生杂草如白茅、狗芽根等。

〔使用剂量〕200～300毫升/亩。

〔施药方式〕杂草旺长期，每亩对水30～40千克喷雾。

〔用药次数〕1次。

〔注意事项〕不要喷到作物上，应喷施在已长出的杂草上。

275. 12.5% **盖草能乳油（又名：吡氟乙草灵）**

〔厂家〕美国陶氏化学有限公司。

〔毒性〕低毒。

〔作用方式〕苗后内吸选择性除草剂。

〔适用范围〕大豆、蚕豆、花生、棉花、油菜、亚麻、马铃薯等阔叶作物。

〔防治对象〕一年生禾本科草如看麦娘、牛筋草、马唐、旱稗等。

〔使用剂量〕一年生 40～80 毫升/亩，多年生 100～160 毫升/亩。

〔施药方式〕杂草 3～5 叶时，每亩对水 30～50 千克茎叶喷雾。

〔用药次数〕1 次。

〔注意事项〕该药易燃，储存时不要放在高温处。

276. 20% **利农水剂（又名：敌草快）**

〔厂家〕英国卜内门化学有限公司。

〔毒性〕低毒。

〔作用方式〕非选择性触杀型除草剂，稍具传导性。

〔适用范围〕豆科作物、油料作物、谷类作物等。

〔防治对象〕作物催枯，提早收获。

〔使用剂量〕150～200 毫升/亩。

〔施药方式〕每亩对水 30～50 千克，在作物种子变黄、下部绿时喷雾。

〔用药次数〕1 次。

〔注意事项〕不能与碱性农药混用，各种作物施用时间需做试验。

277. 78.4%禾田净乳油

〔厂家〕英国卜内门化学工业有限公司。

〔毒性〕低毒。

〔作用方式〕内吸选择性。

〔适用范围〕水稻田。

〔防治对象〕一年生禾本科草和一些阔叶杂草如稗草、牛毛毡、三棱草、矮慈姑等。

〔使用剂量〕150~200毫升/亩。

〔施药方式〕移栽后12~18天，每亩对水30~50千克喷雾。

〔用药次数〕1次。

〔注意事项〕药后保持3~7厘米水7天，28℃以上高温时减少药量。

278. 50%**威罗生乳油（又名：排草净）**

〔厂家〕瑞士-汽巴嘉基有限公司。

〔毒性〕低毒。

〔作用方式〕内吸选择性。

〔适用范围〕水稻田。

〔防治对象〕一年生及多年生禾本科草和阔叶草如稗草、鸭舌草、眼子菜等。

〔使用剂量〕160~200毫升/亩。

〔施药方式〕移栽后10天内，每亩对水30~50千克喷雾。

〔用药次数〕1次。

〔注意事项〕保持3~5厘米水层2~3天。

279. 20%**拿捕净乳油**

〔厂家〕日本曹达株式会社。

〔毒性〕低毒。

〔作用方式〕内吸选择性茎叶处理剂。

〔适用范围〕大豆、蚕豆、亚麻、甜菜、油菜、棉花等作物。

〔防治对象〕一年生禾本科草如旱稗、马唐、千金子、狗尾草等。

〔使用剂量〕50～150 毫升/亩。

〔施药方式〕杂草 2～3 叶期，每亩对水 40～50 千克喷雾。

〔用药次数〕1 次。

〔注意事项〕单子叶作物上不要使用。

280.　10.8%高效盖草能乳油（又名：高效吡氟氯草灵）

〔厂家〕美国陶氏益农公司。

〔毒性〕低毒。

〔作用方式〕选择性、内吸传导型芽后茎叶处理剂。

〔适用范围〕大豆、油菜、花生、马铃薯、西瓜、阔叶蔬菜等。

〔防治对象〕一年生和多年生禾本科杂草如：看麦娘、马唐、旱稗、狗牙根等。

〔使用剂量〕20～35 毫升/亩。

〔施药方式〕每亩对水 20 千克，在杂草 3～5 叶时茎叶喷雾。

〔用药次数〕1 次。

〔注意事项〕收获前 60 天停止用药，对鱼、虾毒性高，避免飘到玉米、水稻、小麦上。

281.　50%快杀稗可湿性粉剂（又名：二氯喹啉酸）

〔厂家〕德国巴斯夫公司。

〔毒性〕低毒。

〔作用方式〕选择性、内吸传导型处理剂，通过根吸收为主。

〔适用范围〕水稻：秧田、直播田、移栽田。

〔防治对象〕稗草、鸭舌草、水芥、茨藻等有一定防效。

〔使用剂量〕27～50克/亩。

〔施药方式〕稗草3.5叶期将水排干，每亩对水20千克喷雾，隔1～2天后放回水并保水3～5厘米7天。

〔用药次数〕1次。

〔注意事项〕在土壤中有积累作用。可能对后茬产生残留累积药害，下一年不能种烟草、茄子等。

282. 5%**精禾草克乳油（又名：精喹禾灵）**

〔厂家〕日本日产化学工业株式会社。

〔毒性〕低毒。

〔作用方式〕选择性、内吸传导型茎叶处理剂。

〔适用范围〕大豆、油菜、棉花、花生、烟草、番茄等。

〔防治对象〕单子叶杂草如：稗草、马唐、牛筋草、看麦娘、狗尾草等。

〔使用剂量〕50～100毫升/亩。

〔施药方式〕每亩对水30千克，在杂草3～6叶时茎叶喷雾。

〔用药次数〕1次。

〔注意事项〕安全间隔期60天。一般农药操作规则。

283. 6.9%**威霸浓乳剂（又名：精噁唑禾草灵）**

〔厂家〕德国艾格福公司。

〔毒性〕低毒。

〔作用方式〕选择性、内吸传导型芽后茎叶处理。

〔适用范围〕大豆、花生、油菜、棉花、水稻等。

〔防治对象〕禾本科杂草如：马唐、旱稗、牛筋草、稗草、千金子等。

〔使用剂量〕40～65毫升/亩。

〔施药方式〕作物苗期，每亩对水30千克在杂草3～5叶时茎叶喷雾。

〔用药次数〕1次。

〔注意事项〕对鱼等水生物毒性高。水稻用药量：20~25毫升/亩，杂草3~5叶时用。

284. 10%**高特克乳油（又名：草除灵）**

〔厂家〕德国艾格福公司。

〔毒性〕低毒。

〔作用方式〕选择性芽后茎叶处理剂，具内吸传导性。

〔适用范围〕油菜、苜蓿、麦类等。

〔防治对象〕一年生阔叶杂草如繁缕、牛繁缕、雀舌草、苋、猪殃殃等。

〔使用剂量〕150~200毫升/亩。

〔施药方式〕杂草2~3叶期，每亩对水30~50千克茎叶喷雾。

〔用药次数〕1次。

〔注意事项〕与高效盖草能混用，效果较好。直播油菜2~3叶期前不宜用。

285. 24%**收乐通乳油（又名：烯草酮）**

〔厂家〕日本住友化学株式会社。

〔毒性〕低毒。

〔作用方式〕内吸传导型选择性茎叶除草剂。

〔适用范围〕大豆、花生、油菜、棉花、烟草、蔬菜、葡萄等。

〔防治对象〕禾本科杂草如：马唐、稗草、看麦娘、狗尾草等。

〔使用剂量〕25~40毫升/亩。

〔施药方式〕杂草3~5叶期，每亩对水30千克茎叶喷雾。

〔用药次数〕1次。

〔注意事项〕一般农药操作规则。

286. 30%**阿罗津乳油（又名：莎稗磷）**

〔厂家〕德国艾格福公司。

〔毒性〕低毒。

〔作用方式〕内吸传导选择型除草剂，通过植物幼芽和地中茎吸收。

〔适用范围〕水稻移栽田、大豆、油菜、棉花等。

〔防治对象〕稗草、牛毛草、莎草、马唐、狗尾草、牛筋草等。

〔使用剂量〕60～70毫升/亩。

〔施药方式〕水稻移栽后5～10天，每亩对水30千克喷雾。旱地播后芽前，量加大1倍。

〔用药次数〕1次。

〔注意事项〕不可用于秧田和4叶期前的水稻。高粱、谷子田不能用。

287. 5.3%**丁西颗粒剂**

〔有效成分组成〕（4%丁草胺+1.3%西草净）。

〔厂家〕浙江乐清县乐吉福利化工厂。

〔毒性〕低毒。

〔作用方式〕内吸选择性除草剂。

〔适用范围〕水稻移栽田。

〔防治对象〕稗草、鸭舌草、眼子菜、牛毛草等。

〔使用剂量〕1000～1500克/亩。

〔施药方式〕移栽后7～10天。每亩拌细砂土20千克均匀撒施。保水3～5厘米5天。

〔用药次数〕1次。

〔注意事项〕对鱼毒性高，小秧移栽田禁用。

288. 60%**2甲4氯·丁·西乳油**

〔有效成分组成〕（40%丁草胺+11.7%西草净+8.3%2甲

4 氯钠)。

〔厂家〕吉林市农业科学研究所。

〔毒性〕低毒。

〔作用方式〕内吸选择性除草剂。

〔适用范围〕水稻移栽田。

〔防治对象〕稗草、牛毛草、眼子菜、鸭舌草、异型莎草等。

〔使用剂量〕150 ~200 毫升/亩。

〔施药方式〕移栽后 5 ~15 天，每亩拌细砂土 25 千克均匀撒施。保水 3 ~7 厘米 5 ~7 天。

〔用药次数〕1 次。

〔注意事项〕对鱼毒性高，气温超过 28℃、低于 16℃时应酌情减药量。

289. 57.5% 杀草丹 - S 乳油

〔有效成分组成〕(50% 杀草丹 +7.5% 西草净)。

〔厂家〕日本组合化学株式会社。

〔毒性〕低毒。

〔作用方式〕内吸选择性除草剂。

〔适用范围〕水稻移栽田。

〔防治对象〕稗草、莎草、鸭舌草、眼子菜、牛毛草等。

〔使用剂量〕200 ~300 毫升/亩。

〔施药方式〕移栽后 10 ~15 天。每亩拌细砂土 25 千克均匀撒施。保水 3 ~5 厘米 5 ~7 天。

〔用药次数〕1 次。

〔注意事项〕30℃以上高温，秧苗小，易产生药害。对黄瓜敏感。

290. 50% 威罗生乳油

〔有效成分组成〕(40% 哌草磷 +10% 戊草净)。

〔厂家〕瑞士诺华公司。

〔毒性〕中毒。

〔作用方式〕内吸传导选择性除草剂。

〔适用范围〕水稻移栽田。

〔防治对象〕稗草、牛毛草、眼子菜、鸭舌草、节节草、异型莎草等。

〔使用剂量〕160~200毫升/亩。

〔施药方式〕移栽后10~15天，每亩拌细砂土25千克均匀撒施。保水3~5厘米5~7天。

〔用药次数〕1次。

〔注意事项〕气温超过30℃易发生药害。应减少药量，对露出水面的大草效果差。

291. 30.5%毒滴水剂

〔有效成分组成〕(24%2.4-D+6.5%毒莠定)。

〔厂家〕美国陶氏化学公司。

〔毒性〕低毒。

〔作用方式〕内吸选择性除草剂。

〔适用范围〕非目的树种。造林、森林防火线等。

〔防治对象〕灌木、阔叶杂草等。

〔使用剂量〕270~800毫升/亩。

〔施药方式〕每亩对水10~20千克。在生长期，用喷枪等喷于想除去的叶片上。

〔用药次数〕1次。

〔注意事项〕对落叶松有药害。对皮肤、眼睛有一定刺激作用。

292. 20%甲氯磺隆可湿性粉剂

〔有效成分组成〕(5%甲磺隆+15%氯磺隆)。

〔厂家〕江苏溧阳市化工厂。

〔毒性〕低毒。

〔作用方式〕内吸选择性除草剂。植物根、茎、叶均可吸收。

〔适用范围〕小麦。

〔防治对象〕看麦娘、牛繁缕、猪殃殃、蓼、藜等。

〔使用剂量〕3.5～5 克/亩。

〔施药方式〕小麦 2～3 叶期，每亩对水 40～50 千克均匀喷雾。

〔用药次数〕1 次。

〔注意事项〕以禾本科为主的小麦田，应于播后苗前施药。玉米对该药敏感。

293. 10%新得力可湿性粉剂

〔有效成分组成〕（8.25%苄嘧磺隆＋1.75%甲磺隆）。

〔厂家〕美国杜邦公司。

〔毒性〕低毒。

〔作用方式〕内吸选择传导性除草剂，植物根、茎、叶均可吸收。

〔适用范围〕水稻移栽田。

〔防治对象〕节节菜、异型莎草、陌上菜、鸭舌草、眼子菜等。

〔使用剂量〕50～70 克/亩。

〔施药方式〕移栽后 5～7 天，每亩拌细砂土 20 千克撒施。保水 3～5 厘米 5～7 天。

〔用药次数〕1 次。

〔注意事项〕防止飘移到阔叶作物上，拌毒土应采用二次稀释法。

294. 20%乙苄可湿性粉剂

〔有效成分组成〕（2.5%苄嘧磺隆＋17.5%乙草胺）。

〔厂家〕江苏激素研究所实验一厂。

〔毒性〕低毒。

〔作用方式〕选择性芽前除草剂。

〔适用范围〕水稻移栽田。

〔防治对象〕稗草、千金子、鸭舌草、眼子菜、双穗雀稗。

〔使用剂量〕28~42 克/亩。

〔施药方式〕移栽后 5~7 天，每亩拌细砂土 20 千克均匀撒施，保水 3~5 厘米 4~5 天。

〔用药次数〕1 次。

〔注意事项〕施药田水不能浇蔬菜。小苗秧、弱秧、漂秧易受药害。

295. 30%百·甲水剂

〔有效成分组成〕(7.2%麦草畏 +22.8%2 甲 4 氯)。

〔厂家〕湖北潜江市利德公司。

〔毒性〕低毒。

〔作用方式〕内吸传导植物激素型除草剂。

〔适用范围〕小麦、玉米、水稻。

〔防治对象〕根、茎、叶均可吸收。一年生及多年生阔叶杂草如繁缕、藜、猪殃殃等。

〔使用剂量〕75~100 毫升/亩。

〔施药方式〕小麦 4~6 叶期。每亩对水 20~40 千克均匀喷雾。

〔用药次数〕1 次。

〔注意事项〕小麦拔节后禁止使用，不能用于双子叶作物田。

296. 20%丁·恶乳油

〔有效成分组成〕(12%丁草胺 +8%恶草酮)。

〔厂家〕江苏南通第二农药厂。

〔毒性〕低毒。

〔作用方式〕内吸选择性芽前、芽后除草剂。

〔适用范围〕水稻本田、花生田、棉田等。

〔防治对象〕稗草、异型莎草、鸭舌草、节节菜等。

〔使用剂量〕200～230毫升/亩。

〔施药方式〕水稻移栽后3～5天，每亩拌细砂土20千克均匀撒施，保水3～5厘米5～7天。

〔用药次数〕1次。

〔注意事项〕严格掌握药量，病苗、弱苗禁用，对鱼毒性高。

297.　35%丁·滴乳油

〔有效成分组成〕(25%丁草胺+10%2.4－滴丁酯)。

〔厂家〕广州农药厂。

〔毒性〕低毒。

〔作用方式〕内吸传导选择性除草剂。

〔适用范围〕水稻移栽田。

〔防治对象〕稗草、牛毛毡、鸭舌草等。

〔使用剂量〕80～100毫升/亩。

〔施药方式〕水稻移栽后3～5天，每亩拌细砂土10～20千克撒施。保水3～5厘米5～7天。

〔用药次数〕1次。

〔注意事项〕对鱼有毒，露水未干、中午高温及砂质漏水田不宜使用。

298.　1.15%丁·扑颗粒剂

〔有效成分组成〕(1%丁草胺+0.15%扑草净)。

〔厂家〕黑龙江省五常新兴农药厂。

〔毒性〕低毒。

〔作用方式〕内吸传导选择性除草剂。

〔适用范围〕水稻旱育秧田、湿润育秧田。

〔防治对象〕稗草、藜、马唐、苋等。

〔使用剂量〕6500～8500 克/亩。

〔施药方式〕水稻播种后，把拌好的药土均匀撒施于土表。

〔用药次数〕1 次。

〔注意事项〕土壤含水量不能超过 3%。严防药剂与种子接触。

植物生长调节剂

299. 85%**赤霉素结晶粉（又名：九二〇）**

〔厂家〕）上海溶剂厂。

〔毒性〕低毒。

〔作用方式〕广谱性植物生长调节剂。

〔适用范围〕水稻、花生、棉花、瓜、烟草、葡萄、果树等。

〔防治对象〕促进生长、打破休眠。影响开花时间等。

〔使用剂量〕稀释为$10\times10^{-6}\sim1000\times10^{-6}$液。

〔施药方式〕每亩喷药液50～70千克。

〔用药次数〕1～5次。

〔注意事项〕每种作物使用浓度不一样，详见说明书。

300. 40%**乙烯利液剂**

〔厂家〕浙江余姚农药厂。

〔毒性〕低毒。

〔作用方式〕广谱性植物生长调节剂。

〔适用范围〕瓜类、蔬菜、葡萄、果树等。

〔防治对象〕打破休眠、催熟。

〔使用剂量〕500～5000倍液。

〔施药方式〕每亩喷药液50～70千克。

〔用药次数〕1～2次。

〔注意事项〕每种作物使用浓度不一样，详见说明书。

301. 25%**多效唑乳油**

〔厂家〕英国卜内门化学工业有限公司。

〔毒性〕低毒。

〔作用方式〕植物生长调节剂。

〔适用范围〕水稻、小麦、油菜、棉花、烟草、蔬菜、葡萄、果树等。

〔防治对象〕矮化植株、保果、增强抗逆性、控梢保果等。

〔使用剂量〕稀释为 100×10^{-6} ~ 500×10^{-6} 液。

〔施药方式〕每亩喷药液 50 ~ 70 千克。

〔用药次数〕1 ~ 3 次。

〔注意事项〕土壤中残留时间较长。

附表 1　　**实用农药中英文通用名对照表***

中文通用名	英文通用名	中文常见其他名
1. 敌百虫	trichlorphon	
2. 敌敌畏	dichlorvos	DDVP
3. 辛硫磷	phoxim	肟硫磷
4. 喹硫磷	quinalphos	爱卡士、喹恶磷
5. 甲胺磷	methamidophos	
6. 乐果	dimethoate	
7. 氧乐果	omethoate	氧化乐果
8. 二嗪磷	diazinon	地亚农、二嗪农、大亚仙农
9. 伏杀硫磷	phosalone	佐罗纳、伏杀磷
10. 杀螟硫磷	fenitrothion	杀螟松、速灭松、苏米松
11. 久效磷	monocrotophos	纽瓦克
12. 马拉硫磷	malathion	马拉松
13. 乙酰甲胺磷	acephate	高灭磷
14. 毒死蜱	chlorpyrifos	乐期本、氯吡硫磷

续附表 1

中文通用名	英文通用名	中文常见其他名
15. 杀扑磷	methidathion	速扑杀
16. 地虫硫磷	fonofos	大风雷
17. 三唑磷	triazophos	
18. 氯唑磷	isazofos	米乐尔
19. 甲基辛硫磷	Phoxim-methyl	
20. 氯氟氰菊酯	cyhalothrin	功夫、三氟氯氰菊酯
21. 甲氰菊酯	fenpropathrin	灭扫利
22. 氯氰菊酯	cypermethria	兴棉宝、灭百可、安绿宝、赛波凯
23. 氟氯氰菊酯	cyfluthrin	百树菊酯、百树得、保得
24. 溴氰菊酯	deltamethrin	敌杀死、凯安宝、凯素灵
25. 氰戊菊酯	fenvalerate	速灭杀丁、速灭菊酯、杀灭菊酯、敌虫菊酯、戊酸氰醚菊酯
26. 顺式氰戊菊酯	esfenvalerate	来福灵
27. 醚菊酯	ethofenprox	多来宝
28. 联苯菊酯	bifenthrin	天王星、虫螨灵、脱螨达
29. 高效氯氰菊酯	beta-cypermethrin	
30. 溴灭菊酯	bromofenvalerate	
31 溴氟菊酯	brofluthrinate	
32. 乙氰菊酯	cycloprothrin	赛乐收
34. 氟丙菊酯	acrinathrin	罗素发

续附表 1

中文通用名	英文通用名	中文常见其他名
35. 四溴菊酯	tralomethin	凯撒、scout
36. 抗蚜威	pirimicarb	辟蚜雾
37. 杀螟丹	Cartap	巴丹、派丹
38. 涕灭威	aldicarb	铁灭克
39. 仲丁威	BPMC	巴沙、扑杀威
40. 克百威	carbofuran	呋喃丹、虫螨特、大扶农
41. 异丙威	isoprocarb	灭扑散、叶蝉散、灭扑威、异灭威
42. 甲萘威	carbaryl	西维因、胺甲萘
43. 安克力	benfuracarb	
44. 丁硫克百威	carbosulfan	好年冬
45. 乙硫苯威	ethiofencarb	灭蚜威
46. 噁虫威	bendiocarb	高卫士
47. 唑蚜威	triaguron	
48. 爱比菌素	abamection	爱力螨克、害极灭
49. 噻嗪酮	buprofezin	优乐得、扑虱灵、稻虱净
51. 农梦特	teflubenzuron	
52. 虫死净		抑食肼
53. 磷化铝	aluminum phosphide	
54. 甲基嘧啶磷	Pirmiphos-methyl	安得利
55. 环氧乙烷	ethylene oxide	
56. 溴甲烷	methyl bromide	

续附表 1

中文通用名	英文通用名	中文常见其他名
57. 硫酰氟	sulfuryl fluoride	
59. 灭多威	methimyl	万灵、灭虫快、乙肟威、虫特快、灭多虫
60. 吡虫啉	imidacloprid	蚜虱净
61. 氟虫腈	fipronil	锐劲特
62. 虫螨腈	chlorfenapyr	除尽
63. 丁醚脲	diafenthiuron	宝路
64. 啶虫脒	acetaniprid	莫比朗
65. 硫丹	endosulfan	赛丹、硕丹、杀灭丹
66. 甲基毒死蜱	chlorpyrifos-methyl	
67. 克螨特	propargite	丙炔螨特、除螨特
68. 噻螨酮	hexythiazox	尼索朗
69. 双甲脒	amitraz	螨克、杀伐螨、双虫脒、阿米拉兹
70. 三唑锡	azocyclotin	倍乐霸、灭螨锡、三唑环锡
71. 溴螨酯	bromopropylute	螨代治、纽朗
72. 四螨嗪	clofentezine	阿波罗、螨虫净
73. 哒螨灵	pyridaben	速螨酮、扫螨净
74. 苄螨醚	halfenprox	扫螨宝
75. 苦参碱	matrine	苦参素
76. 华光霉素	nikkomycin	日光霉素、尼柯霉素
78. 杀鼠迷	coumatetralyl	立克命
79. 大隆	brodifacoum	Talon

续附表 1

中文通用名	英文通用名	中文常见其他名
80. 灭鼠优	pyrinuron	抗鼠灵
81. 杀它仗	flocoumafen	storm
82. 杀鼠灵	warfarin	
83. 敌鼠	diphacinone	野鼠净、敌鼠钠盐
84. 溴敌隆	bromadiolone	乐万通
86. 鼠甘优	glitor	甘氟、鼠甘氟
88. 楝素	toosedarin	蔬果净
91. 硅藻土	amorphous silica	库虫净
92. 四聚乙醛	metaldehyde	密达
93. 贝螺杀	clonitralide	百螺杀
95. 残杀威	proppxur	
96. 吡丙醚	pyriproxyfen	灭幼宝、蚊蝇醚
97. 避蚊胺	diethyltoluamide deet	蚊怕水
98. 氟蚁腙	hydramethylnon	猛力杀蟑饵剂、威灭蟑饵剂
99. 戊烯氰氯菊酯	pentmethrin	灭蚊菊酯
100. 氯烯炔菊酯	chlorempenthrin	二氯炔戊菊酯、中西气雾液剂
101. 苯醚菊酯	phenothrin	速灭灵
102. 右旋烯炔菊酯	empenthrin	百扑灵

续附表 1

中文通用名	英文通用名	中文常见其他名
103. 左旋丙烯菊酯	d-allethrin	强力毕那命
153. 多菌灵	carbendazim	苯骈咪唑 44 号
154. 三唑酮	triadimenfon	粉锈宁、粉锈灵、百里通
155. 三环唑	tricyclazole	比艳、克瘟唑
157. 异菌脲	iprdione	扑海英
158. 腐霉利	procymid	速克灵
159. 氯苯嘧啶醇	fenarimol	乐比耕
160. 乙烯菌核利	vincloaolin	农利灵
161. 十三吗啉	tridemorph	
162. 丙环唑	propiconazole	敌力脱
163. 百坦	triadimenol	羟锈宁
164. 稻瘟灵	isoprothiolane	富士一号
165. 双苯三唑醇	bitertanol	百科
166. 速保利	diniconazole	
167. 苯噻氰	TCMTB	倍生
168. 特富灵	triflumizole	
169. 抑霉唑	imazalil	戴唑霉、万利得
170. 喹菌酮	oxolinicacid	

续附表 1

中文通用名	英文通用名	中文常见其他名
171. 双胍辛烷苯基磺酸盐	Iminoctadine tris	百可得
172. 霜霉威	propamocurb	普力克
173. 防霉宝	carbendazim	多菌灵盐酸盐
174. 甲霜灵	metalaxyl	瑞毒霉、甲霜安、雷多米尔、阿普隆
175. 邻酰胺	mebenil	
176. 甲基硫菌灵	thiophanate-methyl	甲基托布津
177. 敌磺钠	fenaminuosulf	敌克松、地克松
178. 利克菌	tolclofos-methyl	
180. 四氯苯酞	fthalide	热必斯、稻瘟酞
181. 百菌清	chlovothalonil	
182. 三乙膦酸铝	phosethyl-Al	疫霉灵、疫霜灵、乙膦铝
183. 敌瘟磷	edifenphos	克瘟散
184. 双胍辛胺	guazatine	派克定、培福朗、谷种定
185. 代森锌	zineb	
186. 代森锰锌	mancozeb	新万生
187. 氟硅唑	flusilazole	福星
188. 戊唑醇	tebuconazole	立克秀
189. 亚胺唑	imibenconazole	霉能灵
190. 腈菌唑	myclobutanil	

续附表 1

中文通用名	英文通用名	中文常见其他名
191. 稻瘟酯	Pefurazaate	净种灵
192. 咪鲜胺	prochloraz	施保克
193. 咪鲜安锰络合物	Prochloraz manganese chloride complex	施保功
194. 氢氧化铜	copperhydroxide	可杀得
195. 氧化亚铜	cuprousoxide	靠山
196. 碱式硫酸铜	copper sulphate ha-sic	
197. 王铜	copperchloride	碱式氯化铜、氧氯化铜
199. 春日霉素	Kasugamycin	春日霉素、加收米
202. 多抗霉素	polyoxin	多氧霉素、多效霉素、宝丽安
203. 混合脂肪酸	mixed aliphotiacid	83 增抗剂
205. 克线磷	fenamiphos	九满库、苯线磷
206. 二氯异丙醚	DCIP	
207. 丙线磷	ethoperophos	益收宝、灭克磷
208. 棉隆	dazomet	必速灭，Basamid
236. 草甘膦	glyphosate	镇草宁、农达
237. 麦草畏	dicamba	百草敌
238. 丁草胺	butachlor	马歇特、灭草特、去草胺
239. 异丙甲草胺	metolachior	都尔、甲氧毒草胺、屠锈胺

续附表 1

中文通用名	英文通用名	中文常见其他名
240. 大惠利	napropamide	
241. 甲草胺	alachlor	拉索、澳特拉索、草不绿
242. 乙草胺	acetochlor	禾耐斯
243. 乙氧氟草醚	oxyfluorfen	果尔（Goal）
244. 氟磺胺草醚	fomesafen	虎威、除豆莠
245. 除草醚	nitrofen	
246. 吡氟禾草灵	fluazifop-butyl	稳杀得、氟草除
247. 禾草灵	diclofop-methyl	伊洛克桑、禾草除
248. 酚硫杀	phenothiol	芳米大
249. 氟乐灵	trifluralin	特福力、氟特力、茄科宁
250. 双苯酰草胺	diphenamid	草乃敌、益乃得、双苯胺
251. 禾草丹	thiobencarb	杀草丹、稻草完、灭草丹
252. 长草胺	carbetamide	草长灭、雷克拉
253. 甜菜宁	phenmedipham	凯米丰、苯敌草
254. 氯苯胺灵	chloropropham	戴科
255. 伏草隆	fluometuron	棉草伏、高度蓝
256. 绿麦隆	chlorotoluron	
257. 异丙隆	isoprotaron	

续附表 1

中文通用名	英文通用名	中文常见其他名
258. 甲嘧磺隆	sulfometaron-methyl	嘧磺隆
259. 氯嘧磺隆	chlorimuron-ethyl	
260. 甲磺隆	metsalfaron-methyl	合力
261. 氯磺隆	chlorsulfuron	
262. 胺苯磺隆	ethametsulfuron	
263. 醚磺隆	cinosulfuron	
264. 烟嘧磺隆	micosulfuron	玉农乐
265. 苯磺隆	tribenuron-methyl	巨星、阔叶净
267. 扑草净	prometreyne	
268. 莠灭净	ametryn	阿灭净
270. 苄嘧磺隆	bensulfuron methyl	农得时
271. 禾草克	quizalofop-ethyl	
272. 燕麦枯	difenzoquat	野燕枯、双苯唑呋
273. 灭草松	bentazone	排草丹、苯达松
274. 百草枯	paraquat	克芜踪、对草快
275. 吡氟乙草灵	haloxyfop	盖草能、Dowco-453
276. 敌草快	diquat	利农
279. 稀禾定	sethoxydim	拿捕净、乙草丁、硫乙草灭
280. 高效吡氟氯草灵	haloxyfop-R-methyl	高效盖草能

续附表1

中文通用名	英文通用名	中文常见其他名
281. 二氯喹啉酸	quinclorac	快杀稗
282. 精喹禾灵	quizalofop-p-ethyl	精禾草克
283. 精噁唑禾草灵	fenoxaprop-p-ethyl	威霸
284. 草除灵	benazolin-ethyl	高特克
285. 烯草酮	clethodim	收乐通
286. 莎稗磷	anilofos	阿罗津
299. 赤霉素	gibberellic acid	九二〇
300. 乙烯利	ethephon	一试灵、乙烯磷
301. 多效唑	paolobutrazol	氯丁唑

*表中农药序号按目录中的序号编排，目录中的农药无英文通用名的不列入。

附表2　　不能连用的农药和施药间隔日期表

前次使用的农药	本次使用的农药	施药间隔期
波尔多液	石硫合剂	柑橘14天，梨、苹果、葡萄1个月
波尔多液	氰氢酸熏蒸	1个月
波尔多液	代森锌制剂	7天
波尔多液	松脂合剂	14~21天
石硫合剂	波尔多液	7~14天

续附表2

前次使用的农药	本次使用的农药	施药间隔期
石硫合剂	氰氢酸熏蒸	1个月
石硫合剂	砷酸铅	5天
氰氢酸熏蒸	石硫合剂	1个月
氰氢酸熏蒸	波尔多液	7天
砷酸铅	加用肥皂的硫酸烟碱	10天
松脂合剂	石硫合剂	14天
肥皂	砷酸铅	5天
机械油乳剂	波尔多液	1个月（休眠期除外）
有机磷制剂	敌稗	14天
机械油乳剂	石硫合剂	1个月（休眠期除外）
叶蝉散、害扑威	敌稗	10天
敌稗	叶蝉散、害扑威	10天
敌稗	有机磷制剂	14天

主要参考文献

1 王家银. 常用农药安全使用方法简介. 云南农业科技, 1989, 4.5

2 王家银. 新农药安全使用方法简介. 云南农业科技, 1991, 5.6

3 王焕民. 外国农药使用指南. 北京: 农业出版社, 1985

4 管雨霖. 烟草病害诊断虫害识别及防治. 北京: 农业出版社, 1989

5 农药检定所. 新编农药手册. 北京: 农业出版社, 1989

6 何立等. 植保药方手册. 上海: 上海科学技术出版社, 1990

7 刘绍禄, 等. 新农药使用技术. 哈尔滨: 黑龙江科学技术出版社, 1983

8 工蜂. 农药安全使用问答. 合肥: 安徽科学技术出版社, 1983

9 辽宁省农民技术教材编委会. 农药. 沈阳: 辽宁科学技术出版社, 1984

10 朱国仁, 等. 新编蔬菜病虫害防治手册. 北京: 金盾出版社, 1990

11 郭石山, 等. 果树病虫害防治问答. 郑州: 河南科学技术出版社, 1991

12 西北农学院. 农业昆虫学. 北京: 农业出版社, 1979

13 北京农业大学. 农业植物病理学. 北京: 农业出版社, 1979

14 农药检定所. 新编农药手册（续集）. 北京: 农业出版社, 1998

15 王家银. 简明农药手册. 昆明: 云南科技出版社, 1992

16 昆明市农资公司. 可供商品目录简要说明, 2001